INTRODUÇÃO À TOPOLOGIA

FUNDAÇÃO EDITORA DA UNESP

Presidente do Conselho Curador
Mario Sérgio Vasconcelos

Diretor-Presidente
José Castilho Marques Neto

Editor-Executivo
Jézio Hernani Bomfim Gutierre

Assessor Editorial
João Luís Ceccantini

Conselho Editorial Acadêmico
Alberto Tsuyoshi Ikeda
Áureo Busetto
Célia Aparecida Ferreira Tolentino
Eda Maria Góes
Elisabete Maniglia
Elisabeth Criscuolo Urbinati
Ildeberto Muniz de Almeida
Maria de Lourdes Ortiz Gandini Baldan
Nilson Ghirardello
Vicente Pleitez

Editores-Assistentes
Anderson Nobara
Fabiana Mioto
Jorge Pereira Filho

GILBERTO FRANCISCO LOIBEL

Introdução à
Topologia

editora
unesp

© 2007 Editora UNESP

Direitos de publicação reservados à:
Fundação Editora da UNESP (FEU)
Praça da Sé, 108
01001-900 – São Paulo – SP
Tel.: (0xx11) 3242-7171
Fax: (0xx11) 3242-7172
www.editoraunesp.com.br
www.livrariaunesp.com.br
feu@editora.unesp.br

CIP – Brasil. Catalogação na fonte
Sindicato Nacional dos Editores de Livros, RJ

L826i

Loibel, Gilberto Francisco
   Introdução à topologia / Gilberto Francisco Loibel. – São Paulo: Editora UNESP, 2007.
   il.;
   ISBN 978-85-7139-795-8
   1. Topologia. I. Título.

07-4391.
CDD: 514
CDU: 515.1

Este livro é publicado pelo projeto Edição de Textos de Docentes e Pós-Graduados da UNESP – Pró-Reitoria de Pós-Graduação da UNESP (PROPG) / Fundação Editora da UNESP (FEU)

Editora afiliada:

AGRADECIMENTOS

Meus agradecimentos, em primeiro lugar, a minha esposa Izette, companheira de tantos anos, pelo apoio constante em toda minha vida profissional e pela discussão de grandes partes deste livro.

Aos colegas do Departamento de Matemática de Rio Claro, pelo excelente ambiente de trabalho, propício à produção científica, e pelo incentivo a muitas de minhas iniciativas. Destaco especialmente aqueles com os quais discuti parte do conteúdo e em particular aqueles que utilizaram as primeiras versões com seus alunos, oferecendo sugestões valiosas.

Aos alunos das turmas às quais ministrei este curso, que tornaram significativo meu esforço.

Dedico este livro a meus netos Diogo, Érica e Bárbara.

SUMÁRIO

Apresentação   11

1 Espaços métricos   15
2 Topologia dos espaços métricos   41
3 Conexão e compacidade   79
4 Espaços métricos completos e continuidade uniforme   93

Apêndice A: Nomenclatura, notações e alguns resultados da
      teoria dos conjuntos   103
Apêndice B: Um roteiro para estudar números reais   121

APRESENTAÇÃO

Este livro destina-se a um curso de um semestre para licenciandos e bacharelandos em Matemática. O contéudo deste trabalho concentra-se principalmente nos espaços métricos. Daremos ênfase aos exemplos, mas sempre manteremos o rigor na parte teórica. Pode-se perguntar por que ministrar um curso de (introdução à) Topologia para licenciandos. Para tanto, apresentam-se duas justificativas:

• O professor secundário, para ter a devida segurança em seu ensino, necessita, além de um bom preparo didático e perfeito domínio do conteúdo, de uma visão desse conteúdo de um ponto de vista mais avançado. Nesse sentido, a Topologia representa um apoio importante.

• O professor encontrará regularmente alunos curiosos (ou colegas de outras disciplinas ou também outros leigos em Matemática) que lhe apresentarão perguntas fora do conteúdo básico do curso secundário.[1]

Citarei alguns exemplos de questionamentos para os quais este curso poderá dar algum subsídio.

---

1 Em minha (curta) experiência de professor secundário, alguns alunos fizeram-me perguntas interessantíssimas.

12 GILBERTO FRANCISCO LOIBEL

- O que devo entender por "distância"?
- Por que a definição de distância apresentada nas aulas de Geometria não corresponde ao uso popular?
- O que é uma curva?
- Por que duas curvas, com aspectos tão diferentes, são designadas com um mesmo nome: "curva fechada"?
- O que é uma superfície?
- O que é uma faixa de Möbius? Existem outras superfícies semelhantes?
- Por que não existem mapas exatos?
- O que significa que "uma reta se aproxima de outra"?
- Na definição da exponencial somente, foi dado o significado de a^x quando x é racional. O que se deve entender por $3^{\sqrt{2}}$?
- O que é "Topologia"?

Essas e outras perguntas semelhantes podem surgir a todo momento, e é importantíssimo ter respostas claras ou saber onde buscá-las. Creio que a Topologia serve para dar aquele "algo mais" que ajuda a tornar a profissão de professor de Matemática uma opção gratificante.

Para os bacharelandos (que deverão ter posteriormente pelo menos mais um semestre de Topologia), o curso visa apresentar, além de definições e resultados básicos, um grande número de exemplos que servirão de base para uma compreensão mais profunda da Topologia.

Recomendamos para a leitura deste livro o conhecimento de noções básicas[2] da Teoria dos Conjuntos, do Cálculo Diferencial e Integral, da Geometria Analítica e da Álgebra Linear. Na realidade, para a compreensão formal da parte teórica, exige-se muito mais que o leitor tenha uma certa maturidade matemática do que muitos prerrequisitos, mas estes são necessários para a elaboração de exemplos que são essenciais para a compreensão mais profunda do conteúdo do livro.

---

2 O Apêndice A apresenta um resumo dos tópicos necessários para este livro.

INTRODUÇÃO À TOPOLOGIA 13

O texto é dividido em capítulos, parágrafos e itens. Referências ao mesmo capítulo omitem o número deste.

As definições aparecem com dois números, o primeiro refere-se ao parágrafo e o segundo, em ordem crescente, independentemente do item em que ele se localiza. A numeração das proposições é semelhante e não há distinção entre lemas, proposições, teoremas e corolários. Dessa forma, podemos ter sucessivamente: Lema 2.1. – Teorema 2.2. – Corolário 2.3. etc.

Exercícios e exemplos aparecem como **Ex.a**, com letras minúsculas sucessivas em cada item. Havendo subdivisões no exercício, escreveremos **Ex.a1** e depois **a2, a3** etc. Os exercícios mais difíceis são identificados com um ou dois #.

1
ESPAÇOS MÉTRICOS

1.1 Definição de métrica e exemplos

1.1.1 Introdução

Um dos conceitos mais importantes da Matemática utilizado também em muitas outras ciências e na tecnologia é a noção de *função contínua*. Nos cursos de Cálculo, ela geralmente se apresenta da seguinte forma:

• Sejam dados uma função f definida em um subconjunto A de um R^n com valores em um $\Re^m$ e um elemento $\underline{a}$ de A, dizemos que: f é contínua no ponto $\underline{a}$ se dado $\varepsilon > 0$, é possível determinar $\delta > 0$, tal que para todo x em A, cuja distância a $\underline{a}$ seja menor do que δ, tenha-se que a distância de f(x) a f(a) seja menor do que ε. Isso se traduz em linguagem coloquial da seguinte forma: para obter f(x) *arbitrariamente próximo* de f(a), basta escolher x *suficientemente próximo* de $\underline{a}$.

A distância de dois pontos de $\Re^n$ geralmente é medida pela "distância euclidiana" que generaliza a expressão da distância da Geometria Analítica plana ou espacial em coordenadas ortogonais. (Ver o **Ex.a** do item 1.1.3.)

16 GILBERTO FRANCISCO LOIBEL

Não utilizamos, no entanto, locuções desse tipo somente no caso de funções definidas e com valores em espaços euclidianos. Vejamos o seguinte exemplo: o leitor concordará facilmente comigo se eu afirmo que "às 3 horas os ponteiros de um relógio estão mais próximos entre si do que às 6 horas" ou "quando chega o meio-dia, o ponteiro dos minutos aproxima-se arbitrariamente do ponteiro das horas". Uma formulação matemática da primeira afirmação seria dizer "Duas semirretas perpendiculares estão mais próximas do que duas que formam um ângulo raso. A distância entre semirretas seria medida pelo menor ângulo entre elas".

Coisa semelhante ocorre na seguinte situação: seja Γ uma circunferência e A um de seus pontos. Seja C um ponto variável de Γ. Para cada C $\neq$ A, consideremos a reta secante c = AC. Costuma-se dizer que "quando C tende a A, a reta secante c tende à reta t tangente a Γ no ponto A", ou então "para que a secante AC fique arbitrariamente próxima da tangente t, basta que C esteja suficientemente próximo de A". A proximidade do ponto C ao ponto fixo A é novamente medida pela distância euclidiana, mas o que significa que uma reta c está próxima da reta t? É claro que qualquer que seja o ponto C $\neq$ A a reta c correspondente corta a reta t no ponto A, e, portanto, encontramos nela pontos arbitrariamente afastados da reta t, e reciprocamente em t existem pontos arbitrariamente distanciados da c. Devemos, portanto, *medir a proximidade* das retas não pela proximidade de seus pontos, mas de uma outra forma. Usa-se, nesse caso, a medida do ângulo (por exemplo, em graus ou radianos). Um exercício simples de Geometria Elementar ou de Geometria Analítica mostra que efetivamente, à medida que aproximamos C de A, o ângulo entre c e t torna-se arbitrariamente pequeno.

Outro exemplo em que *podemos medir a proximidade* de elementos de um conjunto que não é constituído de pontos é o conjunto K das circunferências de um plano: podemos convencionar que uma circunferência variável Γ se aproxima de uma outra fixa Δ se, ao mesmo tempo, o centro da primeira aproxima-se do centro da segunda e o valor do raio r de Γ aproxima-se do valor do raio s de Δ. Dessa forma, poderíamos definir a *distância* entre as duas circunferências como a soma da distância de seus centros com o número $|r\text{-}s|$.

1.1.2 Definição de métrica

No item anterior, vimos alguns exemplos em que se pode medir a proximidade de elementos de certos conjuntos. Nos mais diversos campos da Matemática, surgiram os mais variados exemplos em que isso podia ser feito. Verificou-se, então, que em um grande número desses exemplos havia certas regras que eram comuns a todos eles. Com base nessas regras, era possível utilizar os mesmos raciocínios em situações aparentemente muito diversas. Isso levou à definição de *espaço métrico*.

• **Definição 1.1**: seja M um conjunto e seja $d : M \times M \to \Re$ uma função que satisfaz às seguintes condições:

a) $d(x,y) > 0$ se $x \neq y$ e $d(x,x) = 0$, $\forall\, x,y \in M$;

b) $d(x,y) = d(y,x)$, $\forall\, x,y \in M$ (propriedade simétrica);

c) $d(x,z) \leqslant d(x,y) + d(y,z)$, $\forall\, x,y,z \in M$ (propriedade triangular ou desigualdade triangular);

dizemos que d é uma *métrica* ou uma *distância* em M. Dizemos ainda que o par (M,d) é um *espaço métrico*.

Se d' é outra função satisfazendo as mesmas condições, os espaços métricos (M,d) e (M,d') são distintos. Se não houver dúvida sobre qual é a métrica usada em M, falaremos simplesmente do espaço métrico M em lugar de (M,d). Frequentemente chamaremos os elementos de um espaço métrico de *pontos*, mesmo que eles não sejam pontos no sentido da Geometria.

1.1.3 Primeiros exemplos

• **Ex.a1**: Em $\Re$ usaremos normalmente a *métrica habitual* dada por $d'(x,y) = |x - y|$.

18 GILBERTO FRANCISCO LOIBEL

a2: Nos espaços numéricos $\Re^n$, temos três generalizações dessa métrica. Sejam $x = (x_1, x_2, ..., x_n)$ e $y = (y_1, y_2, ..., y_n)$ dois pontos de $\Re^n$. A *métrica euclidiana (ou habitual)* é dada pela expressão

$$d'(x.v) = \sqrt{(x_1 - v_1)^2 + (x_2 - v_2)^2 + ... + (x_n - v_n)^2}.$$

As propriedades a) e b) se verificam facilmente. Para c) consideramos um terceiro ponto $z = (z_1, z_2, ... z_n)$ e pomos $a_i = x_i - y_i$, $b_i = y_i - z_i$, então temos $a_i + b_i = x_i - z_i$. A desigualdade triangular $d(x,z) \le d(x,y) + d(y,z)$ resulta em $\sqrt{\sum (a_i + b_i)} \le \sqrt{\sum a_i^2} + \sqrt{\sum b_i^2}$. Elevando essa desigualdade ao quadrado, desenvolvendo o resultado e cancelando termos semelhantes, chegamos à expressão $\sum a_i b_i \le \sqrt{\sum a_i^2} \sqrt{\sum b_i^2}$, que ainda é equivalente à desigualdade triangular. Esta é conhecida como a desigualdade de Schwarz. O leitor encontrará a demonstração dessa desigualdade na maioria dos livros de Cálculo II.[1]

a3: Usaremos ainda com frequência as seguintes métricas em $\Re^n$:

$$d''(x,y) = |x_1 - y_1| + |x_2 - y_2| + ... + |x_n - y_n| \text{ e}$$
$$d'''(x,y) = \max_{i=1,2,...,n} |x_i - y_i|$$

a4: Verifica-se que sempre vale:

$d'''(x,y) \le d'(x,y) \le d''(x,y) \le nd'''(x,y)$. Consideremos, no caso do $\Re^2$, dois pontos $x = (x_1, x_2)$ e $y = (y_1, y_2)$, que têm ambas as coordenadas distintas. Junto com o ponto $z = (x_2, y_1)$, x e y determinam um triângulo retângulo, no qual $d'(x,y)$ mede a hipotenusa, $d''(x,y)$ a soma dos catetos e $d'''(x,y)$ o maior dos catetos. Nesse caso, as desigualdades se interpretam facilmente.

• **Ex.b**: No exemplo das circunferências do plano, podemos identificar cada uma delas por três números (a,b,r), sendo os dois primeiros as coordenadas do centro (a,b) e o terceiro o raio $r > 0$. Suponhamos que haja duas circunferências Γ e Δ: a primeira correspondendo a (a,b,r) e a segunda identificada pela terna (x,y,s). Podemos então calcular a "distância" das duas circunferências pondo:

---

1 Ver também o livro de Álgebra de Herstein, p. 185.

INTRODUÇÃO À TOPOLOGIA **19**

$d(\Gamma,\Delta) = \sqrt{(x-a)^2 + (y-b)^2} + |s-r|$

• **Ex.c1**: Retomemos dois dos exemplos citados na introdução: seja F um feixe de retas (ou semirretas) e sejam r e s dois de seus elementos. Definimos como "distância" entre r e s:

$d(r,s)$ = menor ângulo entre as duas retas (semirretas) medida em radianos.

c2: Vemos que a maior distância entre duas semirretas será de π. Isso ocorre quando elas são opostas. No caso do feixe de retas, a maior distância é $\pi/2$, o que ocorre quando as retas são perpendiculares.

• **Ex.d**: Seja D um conjunto qualquer. Definimos em D a *métrica discreta* pondo:

$d(x,x) = 0$ e $d(x,y) = 1$ se x for diferente de y.

• **Ex.e**: Seja (M,d) um espaço métrico e N um subconjunto de M. Definimos em N a *métrica induzida* d_N pondo $d_N(x,y) = d(x,y)$ para todos $x,y \in N$. (N,d_N) é chamado *subespaço métrico* do espaço (M,d).

Deixamos ao leitor a verificação de que as funções acima dadas são métricas e que as desigualdades do **Ex.a**: são corretas.

1.1.4 Exemplos envolvendo caminhos

Um caminho λ em $E \subset \Re^n$ é uma aplicação contínua do intervalo fechado $[0,1]$ da reta real $\Re$ em E. $\lambda(0) = A$ será a *origem* do caminho e $\lambda(1) = B$ o *extremo*. Diremos que o caminho λ *une os pontos A e B* ou que o caminho *vai de A para B*. Para cada $t \in [0,1]$, $\lambda(t)$ será um *ponto do caminho*. Muitas vezes, o parâmetro t é interpretado como tempo. $\Lambda = \lambda([0,1])$ será o *conjunto suporte* ou *conjunto subjacente* do caminho. Ao falarmos em "caminhos", temos informações mais precisas do que as dadas pelo conjunto suporte, pois sabemos como esse conjunto é percorrido quando t percorre o intervalo $[0,1]$. Às vezes, citamos somente o conjunto suporte de um caminho, subentendendo como ele é percorrido (por exemplo, no caso de um segmento), ou então porque o resultado não depende da função λ. Também falamos em caminhos compostos obtidos por justaposição, percorridos um após o outro.²

Todos os exemplos desse item se referem a subconjuntos de algum $\Re^n$. Utilizaremos com frequência locuções do tipo *comprimento de um segmento* ou *comprimento de um arco*. A primeira refere-se à distância euclidiana dos extremos e a segunda, à noção desenvolvida nos cursos de Cálculo Diferencial e Integral. Recomendamos ao leitor recordar as noções de arco retificável e de comprimento de arco. No que segue, consideraremos somente caminhos retificáveis. Um caminho pode ter eventualmente autointerseções.

• **Ex.a**: Seja Π = ABC uma poligonal do plano $\Re^2$ composta de dois segmentos AB e BC. Definimos em Π a seguinte métrica d: a distância entre dois pontos de um mesmo segmento é simplesmente a distância euclidiana, por exemplo d(X,Y) = d'(X,Y); a distância entre dois pontos pertencentes a segmentos distintos será a soma de suas distâncias euclidianas ao ponto B. Assim, por exemplo, d(X,Z) = d'(X,B) + d'(B,Z).

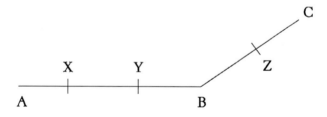

Fig. 1

Essa distância mede o comprimento do caminho que leva de X a Z sem sair da figura Π. Mostre que d é uma métrica e que ela não é induzida pela métrica habitual do plano (a não ser que os pontos A, B e C sejam alinhados).

• **Ex.b**: Podemos generalizar o exemplo anterior facilmente para poligonais (abertas) com um número qualquer de segmentos.

---

2 Ver Capítulo 3 para mais pormenores.

• **Ex.c**: No caso de uma poligonal fechada Φ como a da figura seguinte, podemos chegar de X até Y por dois trajetos distintos: um passando por B e outro passando por A, E, D e C. Como o segundo deles é mais comprido, vamos escolher o comprimento do outro como sendo a distância entre X e Y. Verifique que, dessa forma, definimos uma métrica no conjunto Φ. Novamente essa métrica não é a induzida pela habitual do plano.

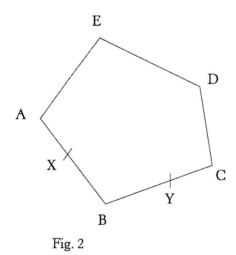

Fig. 2

• **Ex.d1**: A Figura 3 representa um mapa de um bairro de uma cidade. Defina uma métrica no conjunto dos pontos das ruas, adequada para a situação, e determine as distâncias (em quarteirões) entre os diversos pontos assinalados.

d2: Marque todos os pontos cuja distância a A não seja superior a 5 q. Qual é o ponto mais afastado de A?

22 GILBERTO FRANCISCO LOIBEL

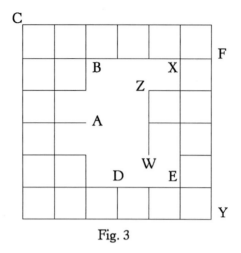

Fig. 3

• **Ex.e**: Utilizando a mesma Figura 3, suponhamos que algumas das ruas tenham mão única; por exemplo, a primeira de cima no sentido da esquerda para a direita e a segunda da direita para a esquerda. Definimos como "distância" entre dois pontos o comprimento do caminho que um carro deve percorrer para chegar de um a outro. Determine a distância entre B e X e aquela entre X e B. Essa "distância" é uma métrica? Quais das propriedades são verificadas?

• **Ex.f1**: Consideremos uma circunferência Γ de centro O e raio 1. Dados dois pontos A,B $\in \Gamma$, eles são ligados por dois arcos, um no sentido horário e outro no sentido trigonométrico. Escolhamos como distância entre A e B o comprimento (em radianos) do menor dos dois arcos (no caso da Figura 4a, isso corresponde a usar o arco percorrido no sentido trigonométrico). Mostre que temos efetivamente uma métrica e que a maior distância nesse espaço ocorre entre dois pontos diametralmente opostos e ela vale π. Nesse caso, os dois arcos têm o mesmo comprimento.

f2: Consideremos agora a Figura 4b. O conjunto Θ ali considerado será constituído pelos pontos do arco obtido

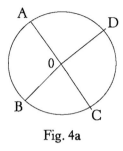
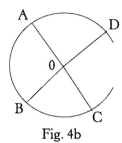

Fig. 4a   Fig. 4b

retirando uma pequena parte de Γ. Dados dois pontos C, D ∈ Θ, existe somente um arco em Θ que os une. Usaremos como distância de C a D o comprimento deste único arco. Nesse caso, a distância entre dois pontos pode superar o valor π, como ocorre na Figura 4b. Isso mostra que essa métrica não é a métrica induzida pela métrica da circunferência descrita anteriormente. Mas observamos que pequenas distâncias em Θ coincidem nas duas métricas.

f3: Temos em Θ ainda a métrica induzida do plano euclidiano, que é dada pelo comprimento da corda que une dois pontos C e D. Essa distância é sempre menor do que as duas outras e atinge seu valor máximo 2 quando os dois pontos são diametralmente opostos.

f4: Mesmo sendo distintas as três métricas descritas, observamos o seguinte: seja A um ponto fixo de Θ, e P um ponto variável, se em uma das métricas a distância de P a A tende a zero, o mesmo ocorre nas duas outras.

f5: O mesmo fenômeno não ocorre se compararmos essas métricas com a métrica discreta em Θ (ver **Ex.d** no item 1.1.3).

• **Ex.g**[#]: Uma praça retangular é dividida ao meio por um segmento retilíneo. Uma das metades é asfaltada e a outra é coberta por cascalho. Um ciclista move-se nessa praça. Na parte asfaltada, ele anda a 8 m/s e no cascalho a 4 m/s. Sejam A e B dois pontos da praça. Defina d(A,B) =   o tempo necessário para ir de A até B em linha reta, se ambos pertencem a uma mesma metade;   o tempo mínimo para chegar de A até B, se os pontos estiverem em metades diferentes. Despreze o tempo necessário para mudar de velocidade ao passar de uma metade a outra ou para acelerar a bicicleta no ponto A.

g1: Determine o caminho que o ciclista deve seguir para chegar mais rapidamente de A para B no caso em que os pontos estão em partes distintas e calcule d(A,B);

g2: Verifique se d é uma métrica.

• **Ex.h**: Considere o conjunto $\Delta = \Phi \cup \Gamma$ formado pela reunião dos dois quadrângulos da Figura 5.

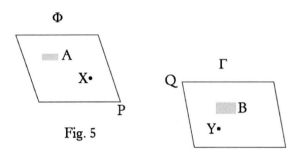

Fig. 5

Imaginando que Φ e Γ sejam ilhas, P e Q portos e que A e B sejam aeroportos, defina algumas métricas em Δ relacionadas com esses fatos.

• **Ex.i#**: Vejamos uma outra situação prática e tentemos elaborar um modelo matemático: imaginemos uma praça na qual exista uma fonte luminosa circular L. Queremos medir a distância entre dois pontos ao longo de caminhos que evitam a fonte. Para ter uma ideia intuitiva, utilizaremos um elástico esticado e um objeto cilíndrico, por exemplo uma lata, para representar a fonte. Se o segmento retilíneo entre os dois pontos não toca a fonte (lata) (como no caso dos pontos A e B da Figura 6), podemos medir a distância pelo comprimento do segmento. Levando o ponto A para a posição de X e B para Y, o segmento em primeiro lugar passa a ser tangente ao círculo e, em seguida, uma parte do elástico acompanhará a lata. O caminho de X para Y será então o seguinte: um segmento que sai de X e é tangente a L no ponto S, um arco de circunferência ST e outro segmento tangente em T. Este representaria o menor caminho, desde que os pontos X e Y não se desloquem muito para baixo na figura. Nesta última hipótese, o melhor caminho contornaria a fonte pelo

INTRODUÇÃO À TOPOLOGIA 25

outro lado. Esse modelo matemático supõe que o contorno do círculo não pertença à fonte, ou seja, que o espaço M seja constituído pelo plano (ou por um retângulo) do qual se retiraram os pontos internos de um círculo. A demonstração de que os caminhos acima descritos efetivamente são os mais curtos e que, dessa forma, obtemos uma métrica em M é trabalhosa.

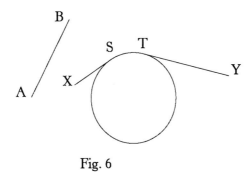

Fig. 6

- **Ex.j1**#: Um modelo bem mais complicado se obtém retirando do plano todos os pontos do círculo, inclusive os da circunferência, obtendo um subconjunto N de M. Nesse caso, não existirá um caminho mais curto que ligue X e Y, mas haverá caminhos muito próximos do caminho acima descrito. Esses caminhos terão comprimento maior do que aquele, mas podendo ser arbitrariamente próximo daquele valor. Para entender melhor esse fato, estudaremos uma situação mais simples no exemplo a seguir.

j2: Seja Δ o conjunto obtido de um plano retirando um de seus pontos, digamos O. Para dois pontos A e B de Δ tais que o segmento AB não contenha o ponto O, esse segmento é o caminho mais curto entre A e B. Se, porém, O se acha no segmento AB, *não existe um menor caminho*, pois para chegar de A até B teremos de desviar de O. Verificaremos que por pequeno que seja o desvio existe um caminho mais curto entre A e B. Para tanto consideremos a perpendicular p à reta AB no ponto O. Qualquer caminho λ que une A a B sem passar por O encontra p em um ponto C ≠ O. O comprimento de λ é maior ou igual ao da poligonal ACB. Seja D um ponto interno ao

26 GILBERTO FRANCISCO LOIBEL

segmento OC. Temos que a poligonal ADB é mais curta do que a poligonal ACB, o que mostra que não existe um caminho mais curto do que todos os outros. Por outro lado, escolhendo D suficientemente próximo a O, obtemos uma poligonal ADB cujo comprimento é arbitrariamente próximo do comprimento do segmento AB.

O **Ex.j2** sugere a seguinte construção:

Seja $M \subset \mathfrak{R}^n$ um conjunto. Suponhamos que dois quaisquer dos pontos de M possam ser unidos por pelo menos um caminho retificável. Vamos definir em M uma métrica d da seguinte forma: sejam A, B $\in$ M dois pontos distintos e seja $\mathfrak{C}_{AB} = \{$Comprimentos dos caminhos que unem A a B$\}$. Definimos

$$d(A,A) = 0 \quad e \quad d(A,B) = \inf(\mathfrak{C}_{AB}) \text{ se } A \neq B.$$

Como $\mathfrak{C}_{AB}$ é limitado inferiormente pela distância euclidiana de A a B, vemos que $d(A,B) > 0$ se $A \neq B$. A propriedade simétrica é trivial. Quanto à propriedade triangular, observamos o seguinte: dados A, B e C para cada caminho unindo A a B e cada caminho de B a C, podemos considerar o caminho composto que vai de A a C, cujo comprimento é a soma dos comprimentos dos dois anteriores; isso mostra que $d(A,C)$ não pode superar $d(A,B) + d(B,C)$. É claro que $d(A,C)$ pode ser menor do que a soma, pois podem existir caminhos de A a C que não passam por B.

Em diversos dos exemplos deste item, $d(A,B)$ é na realidade o mínimo de $\mathfrak{C}_{AB}$.

Um dos problemas no estudo das superfícies regulares de $\mathfrak{R}^3$ é encontrar o caminho mais curto entre dois pontos. É claro que somente caminhos situados na superfície devem ser considerados. Esse problema, desenvolvido pela Geometria Diferencial, levou ao estudo das *geodésicas*, que são curvas que, ao menos ao longo de pequenos arcos, fornecem os caminhos mais curtos. No caso do plano, as geodésicas são as retas. Sempre que um segmento de reta fizer parte de uma superfície, ele será uma geodésica. O **Ex.j2** mostra que nem sempre existe uma geodésica unindo dois pontos. Em geral, é um problema bastante difícil determinar as geodésicas de uma superfície, mas em alguns casos podemos dar ao menos uma ideia experimental.

INTRODUÇÃO À TOPOLOGIA 27

As superfícies mais simples nesse sentido são as cilíndricas que são obtidas apoiando nos pontos de uma curva plana (diretriz) retas paralelas a uma reta dada (transversal ao plano da curva), retas estas chamadas de geratrizes. As superfícies cilíndricas são "desenvolvíveis", o que significa que podem ser "desenroladas no plano sem distorção", isto é, sem alteração dos comprimentos dos caminhos. Desenhe alguns segmentos retilíneos em um papel e coloque o papel sobre uma superfície cilíndrica. Para convencer-se de que os segmentos retilíneos fornecem os caminhos mais curtos, desenhe um segmento de reta sobre uma cartolina e fixe um elástico esticado sobre o segmento. Em seguida, curve a cartolina de forma que o elástico fique do lado côncavo da cartolina e verifique que ele continua a acompanhar o traço desenhado. Demonstra-se que, no caso dos cilindros circulares (diretriz, uma circunferência e geratrizes perpendiculares ao plano da curva), as geodésicas são ou retas (as geratrizes) ou circunferências (paralelas à diretriz) ou hélices cilíndricas. Utilize isso para encontrar geodésicas que não representam o menor caminho entre dois pontos.

Outras superfícies desenvolvíveis são as superfícies cônicas. Estas são obtidas unindo os pontos de uma curva plana (diretriz) a um ponto (vértice) fora do plano da curva, obtendo-se as "geratrizes". Essas geratrizes são geodésicas. Mesmo no caso do cone circular (diretriz, uma circunferência e vértice na perpendicular ao centro da curva), a descrição das outras geodésicas não é muito simples. Por exemplo, as circunferências obtidas cortando o cone por planos paralelos ao da diretriz não são geodésicas. Procure obter uma ideia fazendo modelos semelhantes aos usados no caso dos cilindros.

O estudo das geodésicas das esferas ultrapassa os intuitos de nosso curso, mas sugiro ao leitor o seguinte experimento: estique um elástico entre dois pontos de uma esfera (na superfície e não como corda). Convença-se de que a curva representada pelo elástico é plana. Mostre que as seções planas de uma esfera são circunferências. Mostre que, dadas duas circunferências passando por dois pontos, o menor dos 4 arcos obtido está na circunferência de maior raio. As circunferências de maior raio situadas sobre uma esfera são obtidas

28 GILBERTO FRANCISCO LOIBEL

cortando a esfera por planos que passam pelo seu centro. São as chamadas circunferências máximas *(círculos máximos)*. Conclua que o menor caminho entre dois pontos de uma esfera é ao longo de um arco de circunferência máxima.

Convença-se de que no **Ex.i** a métrica em N é a induzida da métrica em M. Também no **Ex. j2** obtemos a métrica induzida pela métrica habitual do plano, mas na maioria das situações isso não ocorrerá; exiba um exemplo.

1.1.5 Outros exemplos

Serão apresentados, a seguir, mais alguns exemplos em que os elementos dos espaços não são pontos de um espaço euclidiano.

• **Ex.a1**: Seja Φ um feixe de retas paralelas. A distância entre retas paralelas usada na Geometria Elementar define uma métrica em Φ.

a2: Podemos fazer o análogo para um feixe de planos paralelos no espaço?

• **Ex.b**: A *estrela de retas de centro* O, $E = E_O$ no espaço tridimensional é o conjunto de todas as retas que passam por O. A exemplo do **Ex.c** do item 1.1.3, usamos o menor ângulo para medir a "distância" entre duas retas de E. As propriedades a) e b) são óbvias. Para obter a desigualdade triangular, usamos o seguinte teorema da Geometria Elementar: "Num triedro, a medida do ângulo da face maior é menor que a soma das medidas dos ângulos das outras faces".[3]

• **Ex.c**: Também numa *estrela de semirretas* (isto é, no conjunto de semirretas que tem a mesma origem) do espaço podemos proceder como no **Ex.c** do item 1.1.3. A estrela de semirretas também pode ser interpretada como *estrela de retas orientadas*.

• **Ex.d**: Também nas *estrelas de planos* (conjunto de planos passando por um mesmo ponto do espaço) podemos usar o ângulo entre dois planos como "distância". Para tanto, basta medir o menor

---

3 Ver Castrucci, B. *Geometria: curso moderno*. São Paulo: Nobel, v. 1.

INTRODUÇÃO À TOPOLOGIA **29**

ângulo entre as perpendiculares a esses planos. Associando a cada plano orientado, de forma coerente, uma das semirretas perpendiculares, podemos introduzir uma métrica numa *estrela de planos orientados*.

• **Ex.e1**[#]: Seja V um espaço vetorial. Seja P(V) o conjunto dos subespaços de V de dimensão 1. P(V) é chamado de *espaço projetivo* associado ao espaço vetorial V. Se V for um espaço vetorial real com produto interno, podemos introduzir em P(V) uma métrica usando o ângulo entre esses subespaços. Para obter a desigualdade triangular, basta observar que três pontos de P(V) são dados por três retas que determinam um espaço tridimensional no qual podemos usar o raciocínio do **Ex.b** apresentado neste item.

e2[#]: Se dim V = n, consideremos ainda o conjunto H(V) dos hiperplanos de V, isto é, o conjunto dos subespaços de dimensão n-1. O complemento ortogonal de um hiperplano é um subespaço de dimensão 1. Isso permite introduzir em H(V) uma métrica medindo a distância de dois hiperplanos pela distância de seus complementos ortogonais.

• **Ex.f1**[#]: Considere um sistema de coordenadas cartesianas Oxy em um plano. Cada reta desse plano pode ser descrita por equações do tipo ax + by + c = 0, em que ao menos um dos coeficientes $\underline{a}$ ou $\underline{b}$ é diferente de zero. Duas equações desse tipo representam a mesma reta se, e somente se, as ternas (a,b,c) e (a',b',c') forem proporcionais, ou seja, quando essas ternas consideradas como vetores forem linearmente dependentes ou, ainda, se eles gerarem o mesmo subespaço de dimensão 1 de $\Re^3$. Assim, a cada elemento de $P(\Re^3)$ corresponde uma reta do plano exceto, o subespaço gerado pelo vetor (0,0,1). Assumindo em $\Re^3$ o produto interno habitual, podemos definir a distância entre duas retas do plano como a distância dos elementos de $P(\Re^3)$ que lhes correspondem.

f2: Calcule a distância entre as retas x + y + 1 = 0 e x - y +1 = 0.

f3: Mostre que a função $\delta(r,s)$ que definiremos agora não é uma métrica no conjunto das retas do plano: pomos $\delta(r,s)$ = distância entre r e s, se elas forem paralelas; e $\delta(r,s)$ = ângulo entre r e s, se elas forem concorrentes.

30 GILBERTO FRANCISCO LOIBEL

• **Ex.g$^{\#\#}$**: Considere o conjunto E de todas as elipses de um plano. Relativamente a um sistema de coordenadas cartesianas Oxy, cada elipse pode ser representada por uma equação do tipo $ax^2 + bxy + cy^2 + dx + ey + f = 0$, onde os coeficientes satisfazem certas condições. Duas equações representam a mesma elipse se, e somente se, os coeficientes forem proporcionais, ou seja, se as 6-uplas (a,b,c,d,e,f) e (a',b',c',d',e',f') gerarem o mesmo subespaço de dimensão 1 de $\Re^6$. Isso significa que a cada elipse fica associado um bem determinado elemento de $P(\Re^6)$. Dessa forma, podemos identificar E com um subconjunto de $P(\Re^6)$ e usar a métrica induzida em E.

• **Ex.h$^{\#}$**: Imaginemos agora uma mãe que encarrega sua filha de cuidar do irmãozinho dizendo: "Podem brincar na praça, mas você não deve se afastar muito dele". Vamos apresentar um modelo matemático para essa situação (para o leitor e não para a menina, que já entendeu que a mãe quer que ela não se afaste mais do que um certo número de passos do irmãozinho). Consideremos um sistema de coordenadas ortogonais Oxy no plano (que contém a praça). A trajetória da menina (representada por um ponto móvel) será dada por equações paramétricas: $(x,y) = F(t) = (F_1(t), F_2(t))$, definidas em um certo intervalo (de tempo) $[a,b]$. Analogamente a trajetória do menino corresponde a um caminho $(x,y) = I(t) = (I_1(t), I_2(t))$ definido no mesmo intervalo $[a,b]$. A exigência da mãe é que para cada valor de t a distância euclidiana $d'(F(t),I(t))$ não ultrapasse um certo valor K. Isso leva à definição de distância de caminhos (definidos em um mesmo intervalo $[a,b]$). Colocamos:

$$d(F,I) = \sup_{t \in [a,b]} (d'(F(t),I(t)))$$

as propriedades a) e b) das métricas são de verificação imediata e a propriedade triangular de d segue facilmente da mesma propriedade da métrica habitual d': realmente se $d'(F(t),I(t)) \leq d'(F(t),G(t)) + d'(G(t),I(t))$ para todo $t \in [a,b]$, então vale a desigualdade correspondente para os extremos superiores.

Esse espaço métrico é um exemplo de uma classe muito grande de espaços envolvendo conjuntos de funções. Esses espaços têm grande importância principalmente na Análise Matemática.

INTRODUÇÃO À TOPOLOGIA 31

• **Ex.i1**: Seja V um espaço vetorial real ou complexo. Lembremos que uma norma $\| \ \|$ em V é uma função $v \to \|v\|$ de V em $\Re$ satisfazendo as seguintes condições:

a) $\|0\| = 0$, $\|v\| > 0$ se $v \neq 0$;

b) $\|\lambda v\| = |\lambda| \ \|v\|$;

c) $\|v + w\| \leq \|v\| + \|w\|$ $\forall \ v,w \in V$ e $\forall \ \lambda \in K$ onde K é o corpo de coeficientes.

Dada uma norma, podemos definir uma métrica em V pondo $d(v,w) = \|w - v\|$. Mostre que d efetivamente é uma métrica.

i2: Mostre que as três métricas em $\Re^n$ dadas no **Ex.a** do item 1.1.3 podem ser obtidas dessa maneira a partir de normas do $\Re^n$.

1.1.6 Métricas no produto cartesiano

Sejam $(M_1, d_1), (M_2, d_2) \dots (M_n, d_n)$ espaços métricos. A exemplo das métricas do $\Re^n$ introduzidas no Ex.a do item 1.1.3, costuma-se utilizar no produto cartesiano $M = M_1 \times M_2 \times \dots \times M_n$ três tipos de métricas obtidos das métricas dos espaços fatores. Sejam $x = (x_1, x_2, \dots x_n)$ e $y = (y_1, y_2, \dots y_n)$ dois pontos de M. Colocamos:

$$d'(x,y) = \sqrt{(d_1(x_1,y_1))^2 + (d_2(x_2,y_2))^2 + \dots + (d_n(x_n,y_n))^2}$$

$$d''(x,y) = d_1(x_1,y_1) + d_2(x_2,y_2) + \dots + d_n(x_n,y_n)$$

$$d'''(x,y) = \max(d_i(x_i,y_i)), i = 1,2,\dots n)$$

Usaremos sempre as notações d', d" e d"' para designar essas métricas em M.

• **Ex.a**: Mostre que valem as desigualdades $d'''(x,y) \leq d'(x,y) \leq d''(x,y) \leq nd'''(x,y)$

• **Ex.b**: No **Ex.b** do item 1.1.3, identificamos o espaço das circunferências com o produto cartesiano $C = \Re^2 \times (0,\infty)$. Usamos em $\Re^2$ a métrica d', em $(0,\infty)$ a habitual e em C a métrica d".

32 GILBERTO FRANCISCO LOIBEL

1.2 Conceitos métricos

Nesta parte, introduziremos alguns conceitos típicos dos espaços métricos, apresentaremos exemplos e estudaremos suas principais propriedades. O ponto de vista será estritamente métrico e não como em capítulos posteriores, topológico. O sentido dessa afirmação ficará claro mais tarde.

1.2.1 Conceitos básicos

Seja (M, d) um espaço métrico, x um ponto de M e r > 0 um número real.

Definição 2.1: A *bola aberta* de *centro* x e *raio* r é o conjunto dado por

$$B(x,r) = \{y \in M \mid d(x,y) < r\}$$

Definição 2.2: A *bola fechada* ou *disco* de *centro* x e *raio* r é o conjunto dado por

$$D(x,r) = \{y \in M \mid d(x,y) \le r\}$$

Definição 2.3: A *esfera de centro* x e *raio* r é o conjunto dado por

$$S(x,r) = \{y \in M \mid d(x,y) = r\}$$

Trabalhando simultaneamente com diversas métricas d', d'', d_1 etc., dotamos as notações das bolas, dos discos e das esferas com os mesmos sinais gráficos: B'(x,r), D''(x,r), S_1 etc.

Dependendo das métricas, o "aspecto" das bolas pode ser o mais variado do ponto de vista da Geometria Elementar. Em muitos casos, pode ser difícil, ou mesmo impossível, fazer uma imagem desses objetos.

• **Ex.a1**: Retomando o **Ex.a** do item de 1.1.3 para o caso do $\Re^2$, vemos que as esferas S'(x,r) são circunferências com centro em x e raio r no sentido da Geometria Elementar, os discos D'(x,r) são os correspondentes círculos com seus contornos; e as bolas B'(x,r), os círculos sem seus contornos.

a2: Para a obter S''(a,r), devemos resolver a equação $|x_1 - a_1| + |x_2 - a_2| = r$, onde $x = (x_1, x_2)$ e $a = (a_1, a_2)$. Vamos resolver essa equa-

INTRODUÇÃO À TOPOLOGIA 33

ção no caso em que a = (0,0) é a origem. Para outros centros, basta transladar a figura obtida. Devemos, portanto, resolver $|x_1| + |x_2| = r$. Se o ponto x pertencer ao primeiro quadrante, isso resulta na equação $x_1 + x_2 = r$, ou seja, a parte de $S''(0,r)$ que pertence ao primeiro quadrante é o segmento que une os pontos $(r,0)$ e $(0,r)$. No segundo quadrante, a primeira coordenada deve ser ≤ 0 e então caímos na equação $- x_1 + x_2 = r$, que nos fornece o segmento que vai do ponto $(0,r)$ ao ponto $(-r,0)$. Prosseguindo dessa forma, completamos $S''(0,r)$ pelos segmentos $(-r,0)$ a $(0,-r)$ e $(0,-r)$ a $(r,0)$. $S''(0,r)$ é, portanto, um quadrilátero que é o contorno do quadrado $D''(0,r)$.

• **Ex.b1**[##]: Considere a métrica d do exemplo das circunferências de um plano (ver **Ex.b** do item 1.1.3). Utilizando a métrica habitual d' nesse plano, seja $\Gamma = S'(P,R)$ a circunferência de centro P e raio R. Interprete e verifique a expressão: $S(\Gamma,r) = \{\Delta = S'(Q, t) \mid 0 \leq d'(P,Q) \leq r \text{ e } 0 < t = R \pm (r - d'(P,Q))\}$

b2: Descreva também as bolas abertas e fechadas nesse espaço.

• **Ex.c**: Descreva esferas, discos e bolas abertas dos espaços métricos descritos nos **Ex.c** e **Ex.d** do item 1.1.3.

• **Ex.d**: Sejam (M_1,d_1), (M_2,d_2), ... (M_n,d_n) espaços métricos e d''' a métrica de $M = M_1 \times M_2 \times \ldots \times M_n$ definida no item 1.1.6. Mostre que $B'''((a_1,a_2, \ldots, a_n), r) = B_1(a_1,r) \times B_2(a_2,r) \times \ldots \times B_n(a_n,r)$.

• **Ex.e**: Seja (M,d) um espaço métrico, $N \subset M$, e d_N a métrica induzida em N. Mostre que para todo $x \in N$ vale $B_N(x,r) = B(x,r) \cap N$, $D_N(x,r) = D(x,r) \cap N$ e $S_N(x,r) = S(x,r) \cap N$.

• **Ex.f**: Estude as esferas e bolas correspondentes aos exemplos dados no item 1.1.4; em particular use cópias das figuras para ilustrar esses conceitos.

Definição 2.4: Um espaço métrico (M,d) se diz *limitado* se existir um ponto $x \in M$, e r > 0 tal que $M = B(x,r)$.

Observamos que nestas condições $\forall$ r' > r temos também $M = B(x,r')$.

Lema 2.1: Se M for limitado e y for qualquer ponto de M, então existe s > 0 tal que $M = B(y,s)$.

Demonstração: Se $M = B(x,r)$, basta fazer s = 2 r. Realmente se $z \in M$, então temos $d(y,z) \leq d(y,x) + d(x,z) < 2 r$.

34 GILBERTO FRANCISCO LOIBEL

Utilizando esse fato vemos que se M for limitado existe um número K (em nosso caso, podemos usar 2 r) tal que a distância entre dois pontos de M nunca supera K. Isso sugere a Definição 2.5.

Definição 2.5: O *diâmetro* de M é o extremo superior do conjunto das distâncias entre dois pontos quaisquer de M. Escreveremos diam(M,d) ou mais simplesmente diam(M). O diâmetro de um subconjunto N de M será o diâmetro de N relativamente à métrica induzida.

É imediato ver que o diâmetro de M será finito se e somente se M for limitado. No caso contrário, dizemos que o diâmetro de M é ∞ ou que M é ilimitado. É claro o que devemos entender por subconjuntos limitados e ilimitados de um espaço métrico. É claro também que todos os subconjuntos de um espaço limitado são também limitados.

É imediato verificar que $\text{diam}(B(x,r)) \le 2$ r.

• **Ex.g1**[#]: Encontre exemplos de esferas e de bolas abertas e fechadas onde o diâmetro é estritamente menor do que duas vezes o raio.

g2: Existem espaços nos quais o diâmetro das bolas é sempre menor do que o raio?

• **Ex.h**: Verifique quais dos espaços anteriormente dados são limitados e quais ilimitados.

Definição 2.6: Seja f : X $\rightarrow$ M uma função de um conjunto qualquer em um espaço métrico (M,d). f será uma *função limitada* se, e somente se, a imagem f(X) for limitada em M. As funções que não são limitadas são chamadas *ilimitadas.*

Por exemplo, a função sen(x) é uma função limitada relativamente à métrica habitual de $\mathfrak{R}$.

• **Ex.i1**: Verifique quais das funções mais comuns do cálculo são limitadas.

i2: Procure um teorema do cálculo a respeito de funções contínuas definidas em intervalos fechados.

Definição 2.7 : Sejam A e B dois subconjuntos não vazios de um espaço métrico (M,d). Definimos a distância entre A e B por: d(A,B) = inf {d(a,b) | a $\in$ A e b $\in$ B}.

Se $A \cap B \neq \varnothing$ temos $d(A,B) = 0$. Isso mostra que a "distância" entre subconjuntos não define uma métrica no conjunto dos subconjuntos de M.

Se um dos subconjuntos for unitário, digamos $A = \{a\}$, escrevemos simplesmente $d(a,B)$ e dizemos que $d(a,B)$ é a distância de $\underline{a}$ a B. Vale $d(a,B) = d(B,a)$.

- **Ex.j1**: Os intervalos semiabertos $A = (0,1]$ e $B = (1,2]$ são disjuntos, mas $d(A,B) = 0$. Observe que para todo $b \in B$ temos $d(b,A) > 0$, mas $d(1,B) = 0$.

j2: Encontre exemplo de dois subconjuntos X e Y de um espaço métrico (M,d) tais que $\forall\, x \in X$ e $\forall\, y \in Y$ temos $d(x,Y) > 0$ e $d(y,X) > 0$, mas $d(X,Y) = 0$.

- **Ex.k**: Mostre que para $\forall\, x,y \in M$ e $\forall\, A \subset M$, $A \neq \varnothing$ vale: $|d(x,A) - d(y,A)| \leq d(x,y)$.

- **Ex.l**: Para cada $t \in \Re$, considere o subconjunto $H_t \subset \Re^2$ definido por $H_t = \{(x,y) \mid xy = t\}$. Para $t \neq 0$, H_t é uma hipérbole e H_O é a reunião dos eixos coordenadas. Mostre que, se $s \neq t$, temos $H_s \cap H_t = \varnothing$, mas sempre temos $d(H_s,H_t) = 0$.

1.2.2 Isometrias

Definição 2.8: Sejam (M,d) e (N,δ) dois espaços métricos e $f : M \to N$ uma aplicação. Dizemos que f é uma *imersão isométrica* se $\forall\, a,b \in M$ valer $\delta(f(a),f(b)) = d(a,b)$, isto é, se f conservar as distâncias.

Vemos imediatamente que toda imersão isométrica é injetora, pois $a \neq b \Rightarrow d(a,b) > 0 \Rightarrow \delta(f(a),f(b)) > 0 \Rightarrow f(a) \neq f(b)$.

Definição 2.9: Uma imersão isométrica que é sobrejetora (e, portanto, bijetora) é uma *isometria*.

- **Ex.a1**: Seja (M,d) um espaço métrico e (N,d_N) um subespaço. Seja $i : N \to M$ a inclusão canônica $(i(x) = x$ para todo x em N$)$. Então, i é uma imersão isométrica.

a2: Toda imersão isométrica $f : G \to H$ pode ser decomposta em uma isometria $f' : G \to f(G)$ e na inclusão $i : f(G) \to H$.

a3: Seja $g : X \to M$ uma aplicação injetora e seja d uma métrica em M. Mostre que δ definida por $\delta(x,y) = d(g(x),g(y))$ é uma métri-

36 GILBERTO FRANCISCO LOIBEL

ca em X e g é uma imersão isométrica de (X,δ) em (M,d). δ é chamada de *métrica induzida em X de d por g*.

• **Ex.b1**: Seja $M = \Re^2$ o plano euclidiano. Mostre que as translações de M são isometrias de M sobre si mesmo.

b2: O mesmo vale para as rotações de M e as reflexões de M em uma reta (isto é, as simetrias ortogonais relativamente a essa reta).

b3: Mostre que toda isometria de M pode ser obtida pela composição de isometrias dos três tipos acima.

b4: Quais das transformações do plano acima citadas continuam isometrias relativamente às métricas d" e d'"?

• **Ex.c1**: É claro que a identidade de qualquer espaço métrico é uma isometria.

c2: Mostre que a composta de duas isometrias é ainda uma isometria.

c3: Mostre ainda que a aplicação inversa de uma isometria é uma isometria.

• **Ex.d1**[#]: Seja (M,d) um espaço métrico e seja $\mathrm{Iso}(M,d) = \mathrm{Iso}(M)$ o conjunto das isometrias de M sobre M. Mostre que $\mathrm{Iso}(M)$ com a composição de funções é um grupo.

d2: São muito importantes os grupos correspondentes aos polígonos e poliedros regulares com métricas induzidas do $\Re^2$ ou do $\Re^3$ (busque em um livro de teoria dos grupos informações sobre esses grupos).

d3: São também muito importantes os grupos de isometrias da circunferência do plano e da esfera do espaço tridimensional.

• **Ex.e**: As isometrias de um espaço discreto e finito são as permutações de seus elementos. O grupo de isometrias é nesse caso isomorfo ao correspondente grupo simétrico.

• **Ex.f1**: Considere as métricas descritas nos **Ex.a** e **Ex.b**: do item 1.1.4. Mostre que a poligonal da Figura 1 pode ser imersa isometricamente no plano euclidiano, tendo por imagem um segmento cujo comprimento é a soma dos comprimentos dos dois segmentos AB e BC.

f2: Verifique que duas poligonais abertas são isométicas se, e somente se, elas tiverem o mesmo comprimento.

INTRODUÇÃO À TOPOLOGIA 37

f3: Uma poligonal aberta pode ser imersa isometricamente em outra se, e somente se, seu comprimento não superar o da outra.

f4: Duas poligonais fechadas com a métrica descrita em **Ex.c** do item 1.1.4 somente são isométricas se tiverem o mesmo comprimento.

f5: Sob que condições uma poligonal aberta pode ser imersa isometricamente em uma poligonal fechada?

•**Ex.g1**: Seja V um espaço vetorial normado real (ver Ex.i do item 1.1.5). Sejam $v,w \in V$ com $||v|| = 1$. Mostre que a aplicação g : $\Re \to V$, dada por $g(t) = t\,v + w$, é uma imersão isométrica. A imagem $g(\Re)$ é uma *reta (afim)* de V. $u = t\,v + w$ é uma *equação paramétrica* dessa reta.

g2: g leva um intervalo [a.b] isometricamente sobre o *segmento* AB de V onde A = g(a) e B = g(b). Dados os elementos A e B de V, determine uma equação paramétrica da reta que os une e determine o intervalo de $\Re$ que corresponde ao segmento.

• **Ex.h**: Considere a aplicação $\Delta : \Re \to \Re^2$ dada por $\Delta(x) = (x,x)$. Se usarmos em $\Re$ a métrica habitual e em $\Re^2$ a métrica d''', então Δ será uma imersão isométrica. Que métricas devemos usar em $\Re$ para que Δ se torne imersão isométrica relativamente às métricas d' e d'' em $\Re^2$?

• **Ex.i1**: Mostre que duas circunferências, nas quais usamos como distância o comprimento do menor arco entre dois pontos, serão isométricas se, e somente se, tiverem o mesmo raio.

i2: Considere uma circunferência Γ de raio 1 e centro O com a métrica acima e o feixe Φ de semirretas de centro O com a métrica do **Ex.c** do item 1.1.3. Associando a cada ponto $A \in \Gamma$ a semirreta $OA \in \Phi$, obtemos uma isometria.

i3: Considere numa esfera S^1 de raio 1 a métrica que mede as distâncias ao longo de arcos de circunferências máximas. Construa uma isometria entre S^1 e uma estrela de semirretas (ver **Ex.c** do item 1.1.5).

i4: Construa uma isometria entre uma circunferência de raio ½ e um feixe de retas.

Definição 2.10: Sejam (M,d) e (N,δ) dois espaços métricos e f : M $\to$ N uma aplicação. Dizemos que f é uma *isometria local* se para cada $x \in M$ existir um $r_x > 0$ tal que a restrição de f à bola $B(x,r_x)$ seja uma isometria sobre a bola $B(f(x),r_x)$.

• **Ex.j1**: Sejam F um feixe de semirretas e Φ o feixe de retas com o mesmo centro. Mostre que a aplicação que associa a cada semirreta de F a sua reta suporte é uma isometria local.

j2: Faça o mesmo para estrelas de semirretas e de retas.

• **Ex.k**: Mostre que a composta de isometrias locais ainda é uma isometria local.

• **Ex.l**: Mostre que somente pode existir uma isometria local de um polígono fechado sobre outro se o comprimento do primeiro for um múltiplo inteiro do comprimento do segundo. Analogamente para circunferências.

• **Ex.m**: Seja $f : \Re \to \Re^2$ dada por $f(t) = (\cos t, \operatorname{sen} t)$. f leva $\Re$ sobre a circunferência S^1 de centro na origem e raio um. Mostre que f é uma isometria local de $\Re$ sobre S^1.

• **Ex.n**: Considere um arco Θ de uma circunferência Γ de raio 1. Em Θ consideramos duas métricas: $\delta(A,B)$ que mede o comprimento do arco entre A e B em Θ e d_Θ a métrica induzida da métrica que mede o menor arco de Γ entre A e B (ver **Ex.f** do item 1.1.4). Se Θ não for maior do que uma semicircunferência, então as duas métricas coincidem. Se Θ for maior do que uma semicircunferência, então $\delta(A,B)$ pode ser maior do que π, o que não ocorre com a métrica induzida. Ainda assim, pequenas distâncias coincidem nas duas métricas. Isso mostra que, se $I : \Theta \to \Theta$ for a identidade de Θ, então I será isometria local nos dois sentidos.

• **Ex.o**: Estabeleça isometria entre (Θ,δ) do **Ex.n** e um segmento de reta.

Quando no item 1.1.4 falamos em superfícies cilíndricas (ou mais geralmente superfícies desenvolvíveis), sugerimos essencialmente que ao menos porções delas seriam isométricas a porções do plano.

Um problema encontrado pelos cartógrafos, desde tempos antigos, é o fato que mesmo porções pequenas da esfera não são isométricas a porções do plano. Isso tem por consequência que nenhum mapa pode ser semelhante à região representada, havendo sempre deformações. Uma demonstração de que nenhuma calota esférica

INTRODUÇÃO À TOPOLOGIA **39**

pode ser isométrica a um disco do plano requer técnicas que ultrapassam nosso curso, mas damos uma ideia mostrando que um hemisfério não pode ser desenvolvido no plano: seja H o Hemisfério Norte cujo centro é o Polo Norte N e cujo contorno é o Equador ε. Todos os pontos de ε têm a mesma distância $r\pi/2$ de N. Se existisse uma imersão isométrica f de H no plano, a imagem f(H) deveria ser um círculo de raio $r\pi/2$. Dividimos ε pelos pontos A, B, C e D em quatro arcos iguais. Ligando N aos quatro pontos por arcos de meridianos, dividimos H em quatro triângulos esféricos equiláteros. Assumindo a existência de uma isometria, encontramos imediatamente alguns absurdos: as imagens dos quatro triângulos deveriam ser outros tantos triângulos equiláteros cujos ângulos internos teriam 60^0, mas 4 ângulos de 60^0 não completam $360°$. Também observamos que os lados AB, BC etc. deveriam ser levados em segmentos retilíneos, mas vimos anteriormente que suas imagens fazem parte do contorno de um círculo. Outros argumentos poderiam ser encontrados para convencer-nos de que não podem existir imersões isométricas de H no plano.

2
TOPOLOGIA DOS ESPAÇOS MÉTRICOS

Neste capítulo, introduziremos certos conceitos em que os valores das distâncias não são o mais importante, mas o fato de estes serem grandes ou pequenos. As métricas são usadas como instrumento e não como objeto principal do estudo. Veremos que métricas diferentes podem produzir os mesmos resultados. Os conjuntos abertos, que estudaremos em primeiro lugar, constituem a noção central e formam a ponte que conduz dos espaços métricos aos espaços topológicos.

2.1 Abertos e fechados

2.1.1 Conjuntos abertos

Definição 1.1: Seja (M,d) um espaço métrico e consideremos $A \subset M$ e $x \in A$. Dizemos que x é um *ponto interior* de A ou que A é uma vizinhança de x, se existir $r > 0$ tal que $B(x,r) \subset A$.

Em outras palavras, x é interior a A se, além de x, todos os pontos de M suficientemente próximos de x pertencerem a A. É imediato que, se $A \subset B$, então B também é vizinhança de x.

Definição 1.2: O conjunto de todos os pontos interiores de A é chamado de interior de A e será denotado por Int(A) ou A^O.

Definição 1.3: Um subconjunto de um espaço métrico é dito *aberto* se coincidir com seu interior.

•**Ex.a1**: Seja (a,b) $\subset \Re$ um intervalo aberto. Se x $\in$ (a,b), escolhendo r = min (x-a,b-x) temos B'(x,r) = (x-r,x+r) $\subset$ (a,b), logo $(a,b)^O$ = (a,b), ou seja, (a,b) é um aberto (na métrica habitual da reta).

a2: Demonstre que, na métrica habitual, toda semirreta aberta de $\Re$ é um aberto e o próprio conjunto $\Re$ é aberto.

a3: Mais geralmente para todo espaço métrico (M,d), M é aberto.

a4: É também claro que o conjunto vazio é aberto em qualquer espaço métrico, pois ele coincide com seu interior.

•**Ex.b1**: O interior de [a,b] $\subset \Re$ é (a,b), portanto [a,b] não é aberto.

b2: Determine os interiores dos seguintes subconjuntos de $\Re$: [a,b), [a,+∞), Z = {números inteiros} e Q = {números racionais}.

•**Ex.c1**: Seja H o semiplano y ≥ 0 de $\Re^2$, com a métrica induzida pela métrica habitual do plano. Seja V = ABCD um retângulo de H com o lado AB sobre o eixo dos x. Mostre que os pontos internos do segmento AB são interiores a V.

c2: Determine V^O.

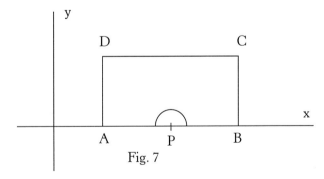

Fig. 7

•**Ex.d**: Mostre que se A $\subset$ B então $A^O \subset B^O$.

d1: Seja r uma reta do plano ($\Re^2$, d'). Mostre que o interior de r é vazio relativamente a qualquer uma das três métricas d', d" e d'''. Segue disso que qualquer subconjunto de uma reta do plano tem interior vazio nessas métricas.

INTRODUÇÃO À TOPOLOGIA **43**

d2: Mostre que fatos semelhantes ocorrem com os subconjuntos das retas e dos planos contidos em $\mathfrak{R}^3$.

d3: Generalize para dimensões mais altas.

•**Ex.e**: Mostre que em $\mathfrak{R}^n$ os interiores dos conjuntos relativamente às métricas d',d" e d'" coincidem. Portanto, os abertos devidos às três métricas são os mesmos.

•**Ex.f**: Mostre que em um espaço com a métrica discreta todos os subconjuntos são abertos.

•**Ex.g**: Mostre que as diversas métricas que definimos em um arco de circunferência (ver item 1.1.4) fornecem os mesmos abertos.

Proposição 1.1: Em todo espaço métrico, as bolas abertas são conjuntos abertos.

Demonstração: Seja $y \in B(x,r)$ um ponto de uma bola. Devemos mostrar que existe $s > 0$ tal que vale $B(y,s) \subset B(x,r)$. Basta fazer $s = r - d(x,y)$. Realmente, se $z \in B(y,s)$, temos $d(x,z) \leq d(x,y) + d(y,z) < d(x,y) + s = d(x,y) + r - d(x,y) = r$, ou seja, $z \in B(x,r)$.

Posteriormente, quando for dada a definição de "espaço topológico", veremos que o teorema que segue mostra que toda métrica determina uma topologia.

Teorema 1.2: Para todo espaço métrico (M,d), o conjunto τ de todos seus abertos satisfaz as seguintes condições:

a) M e $\varnothing$ são abertos;

b) Se $(O_i)_{i \in I}$ for uma família qualquer de abertos de M, então $O = \cup O_i$, $i \in I$, é aberto;

c) Se $O_1, O_2, \ldots, O_n$ forem abertos, $(n \in N)$ então $\Omega = O_1 \cap O_2 \ldots \cap O_n$ é aberto.

Demonstração:

a) Ver **Ex.a**.

b) Seja $x \in O$, então existe $i \in I$ tal que $x \in O_i$ e, portanto, existe $r > 0$ tal que $B(x,r) \subset O_i \subset O$, ou seja, O é vizinhança de todos seus pontos.

c) Se $x \in \Omega$, então $x \in O_i$ para todo $i = 1, 2, \ldots, n$. Existem, portanto, números $r_i > 0$ tais que $B(x,r_i) \subset O_i$. Seja agora r o menor dos r_i, então é claro que $B(x,r) \subset B(x,r_i) \subset O_i$ e, portanto, $B(x,r) \subset \Omega$; logo, Ω é aberto.

44 GILBERTO FRANCISCO LOIBEL

•**Ex.h**: Mostre que um conjunto é aberto se, e somente se, for uma reunião de bolas abertas.

Proposição 1.3: Seja (M,d) um espaço métrico e (N, d_N) um subespaço. $O \subset N$ é aberto em N se e somente se for a interseção de N com um aberto de M.

Demonstração: Seja O aberto em N. Pelo **Ex.h**, podemos exprimir O como $\bigcup_{a \in A} B_N(a, r_a)$. Fazendo Ω igual à reunião das correspondentes bolas na métrica d: $\Omega = \bigcup_{a \in A} B(a, r_a)$, que é um aberto de M. Teremos $N \cap \Omega = O$. Realmente pelo **Ex.e** do item 1.2.1 do Capítulo 1, temos $B_N(a, r_a) = B(a, r_a) \cap N$, o que nos dá o resultado. Reciprocamente seja Ω um aberto de M e $O = \Omega \cap N$. Seja $\underline{a} \in O \subset \Omega$, então existe $r_a > 0$ tal que $B(a, r_a) \subset \Omega$. Fazendo a interseção com N, obtemos $B_N(a, r_a) \subset O$, ou seja, O é vizinhança de a em N e, portanto, O é aberto em N.

Proposição 1.4: Seja N aberto em M. Condição necessária e suficiente para que $O \subset N$ seja aberto em M é que O seja aberto de N.

Demonstração: Se O for aberto em M, é claro que também é aberto em N, pois $O = O \cap N$. Se O for aberto em N, temos $O = N \cap \Omega$ com Ω aberto em M. Como N é aberto em M, temos O aberto em M.

É claro que se todos abertos de N forem abertos em M, então N tem que ser aberto em M, pois N sempre é aberto em N.

•**Ex.i**: Mostre que todo aberto é uma reunião de discos, mas nem toda reunião de discos é um conjunto aberto.

•**Ex.j[#]**: Encontre uma família infinita de abertos cuja interseção não seja aberta.

•**Ex.k**: Seja (M,d) um espaço métrico e $A \subset M$. Se O for um aberto de M e $O \subset A$, então $O \subset A^O$.

Lema 1.5: O interior de um conjunto A qualquer é o maior aberto contido em A.

Demonstração:

a) A^O é um aberto: realmente se $x \in A^O$, existe $r > 0$ tal que $B(x,r) \subset A$; e como $B(x,r)$ é aberto, segue do **Ex.k** que $B(x,r) \subset A^O$.

INTRODUÇÃO À TOPOLOGIA   45

b) Segue ainda do **Ex.k** que no pode existir aberto $O \neq A^O$ tal que $A^O \subset O \subset A$. Logo, A^O é o maior aberto contido em A.

•**Ex.l**: Mostre que, em qualquer espaço métrico, o complementar de um disco é um conjunto aberto.

Definição 1.4: Um subconjunto V se diz *vizinhança* de um outro subconjunto C se existir um aberto O tal que $C \subset O \subset V$. Dizemos também que C é interior a V.

É claro que V é vizinhança do ponto p se e somente se for vizinhança do conjunto {p}.

•**Ex.m1**: Mostre que dados dois discos concêntricos de raios distintos o maior é vizinhança do menor.

m2: Mostre que, se V é vizinhança de C, então V^O ainda é vizinhança de C.

m3: Mostre que, se V é vizinhança de C e de D, então V é vizinhança de $C \cup D$.

m4: Se V e W são vizinhanças de C, então $V \cap W$ também é vizinhança de C.

m5: V é vizinhança de C se e somente se V for vizinhança de todos os pontos de C.

•**Ex. n1**: Mostre que $(A \cap B)^O = A^O \cap B^O$.

n2: Mostre que $(A \cup B)^O \supset A^O \cup B^O$. Dê exemplos em que os dois lados são distintos.

Definição 1.5: Seja P um ponto de uma espaço métrico M. Se {P} for aberto, dizemos que P é um *ponto isolado*.

Dizer que P é isolado é o mesmo que dizer que existe $r > 0$ tal que $B(P,r) = \{P\}$.

•**Ex.o1**: Mostre que, em um espaço com a métrica discreta, todos os pontos são isolados.

o2: Um espaço onde todos os pontos são isolados muitas vezes é chamado de espaço discreto, mesmo que sua métrica não seja a métrica discreta. Mostre que nesse sentido Z é discreto.

•**o3**: Mostre que em Q nenhum ponto é isolado.

•**Ex.p**: Construa dois espaços A e B, com infinitos pontos, tais que em A somente um ponto seja isolado e em B todos os pontos, exceto um, sejam isolados.

46 GILBERTO FRANCISCO LOIBEL

2.1.2 Conjuntos fechados

Definição 1.6: Seja (M,d) um espaço métrico e sejam $X \subset M$ e a $\in$ M. Dizemos que a é *ponto de acumulação* de X se, $\forall$ r > 0, o conjunto $X \cap B(a,r)$ contiver ao menos um ponto distinto de a. O conjunto dos pontos de acumulação de X chama-se *derivado* de X e é denotado por X'.

•**Ex. a1**: Mostre que a é ponto de acumulação de X se e somente se $\forall$ r > 0, o conjunto $X \cap B(a,r)$ contiver infinitos pontos.

a2: Utilize abertos que contenham a em lugar de bolas para definir ponto de acumulação.

•**Ex.b**: Mostre que a é ponto de acumulação de X se e somente se d(X-{a},a) = 0.

•**Ex.c1**: Determine os derivados dos seguintes subconjuntos de $\Re$: (a,b), [a,b], $\varnothing$, Q, Z, e {1/n | n = 1,2,...∞}.

c2: Determine os derivados dos seguintes subconjuntos de $(\Re^2,d')$: (a,b) × [c,d], Q × $\Re$, Z × Z e B'((0,0),1).

Lema 1.6: Para todo A vale (A')' $\subset$ A'.

Demonstração: Seja x $\in$ (A')'. Dado r > 0, devemos mostrar que existe z $\in$ A $\cap$ B(x,r) - {x}. Pela hipótese sobre x existe y $\in$ A' $\cap$ B(x,r) - {x}. Escolhamos 0 < s tal que s < d(x,y) e s < r - d(x,y), nessas condições temos x $\notin$ B(y,s) $\subset$ B(x,r). Como y $\in$ A', existe z $\in$ A $\cap$ B(y,s) - {y}$\subset$ A $\cap$ B(x,r) e z ≠ x. Logo, x $\in$ A'.

•**Ex. d**: Dê exemplos nos quais A' $\supset$ A com A' ≠ A , A' $\subset$ A com A' ≠ A , A' = A, A' $\cap$ A = $\varnothing$ e onde nenhuma das situações anteriores ocorre.

•**Ex. e1**: Seja B'(x,r) $\subset$ $\Re^n$, mostre que (B'(x,r))' = D'(x,r).

e2: Fato análogo vale para as outras duas métricas d'' e d''' de $\Re^n$?

e3: Num espaço métrico qualquer, o derivado de uma bola aberta é sempre o disco correspondente?

•**Ex. f1**: Mostre que A $\subset$ B implica A' $\subset$ B'.

f2: Dê um exemplo em que A ≠ B mas A' = B'.

Definição 1.7: Um conjunto que contém todos seus pontos de acumulação é chamado *fechado*.

Definição 1.8: O conjunto $A \cup A'$ é chamado de *aderência* ou *fecho* de A e será indicado com $\overline{A}$ ou Ad(A).

Observação: As definições acima mostram que F é fechado se, e somente se, ele coincidir com sua aderência.

•**Ex.g1**: Mostre que $Ad(A \cup B) = Ad(A) \cup Ad(B)$.

g2: Mostre que se $A \subset B$ então $Ad(A) \subset Ad(B)$.

g3: Mostre que $Ad(Ad(A)) = Ad(A)$.

Lema 1.7: $\overline{A}$ é o menor fechado que contém A.

Demonstração:

a) Pelo **Ex.g** e pela observação acima, $\overline{A}$ é fechado

b) $\overline{A}$ é o menor fechado que contém A: realmente seja F um fechado contendo A, então vale $\overline{A} \subset \overline{F} = F$.

•**Ex.h**: Mostre que todas retas e todos segmentos fechados do $\mathfrak{R}^n$, n > 1, são conjuntos fechados na métrica habitual.

•**Ex.i1**: Mostre que, em qualquer espaço métrico, os conjuntos finitos, os discos e as esferas são conjuntos fechados.

i2: Em qualquer espaço métrico, $\varnothing$ e o espaço todo sempre são fechados.

i3: Use o **Lema 1.6** para mostrar que o derivado de qualquer subconjunto é um fechado.

•**Ex.j**: Mostre que, em qualquer espaço métrico, temos: ; A vale $\boxtimes A = \{x \in M \mid d(A,x) = 0\}$.

•**Ex.k**: Em $\mathfrak{R}^n$ obtemos as mesmas aderências usando as métricas d', d" ou d"'.

Proposição 1.8: Um subconjunto F de um espaço métrico é fechado se, e somente se, o seu complementar em M for aberto.

Demonstração: Seja F fechado e $x \in C_M F$. Como x não pode ser ponto de acumulação de F, existe uma bola de centro x que não encontra F e, portanto, totalmente contida no complementar de F, que é, portanto, aberto. Reciprocamente, se $C_M F$ for aberto, nenhum de seus pontos pode ser de acumulação de F, portanto, F é fechado.

Utilizando propriedades dos complementares, obtemos os resultados para fechados correspondentes aos do Teorema 1.2 para abertos:

48 GILBERTO FRANCISCO LOIBEL

Corolário 1.9: O conjunto φ, dos fechados de um espaço métrico (M,d), satisfaz as seguintes propriedades:

a) $\varnothing$ e M são fechados.

b) Se $(F_i)_{i \in I}$ for uma família qualquer de fechados, então $\Phi = \cap$ F_i, $i \in I$ é fechado.

c) Se F_1, F_2,...,F_n forem fechados, então $\Phi = F_1 \cup F_2 \ldots \cup F_n$ também é fechado.

•**Ex.l#**: Faça os pormenores da demonstração do corolário pelo caminho sugerido (usando complementos) e também usando somente a definição de fechado.

•**Ex.m1#**: Seja (M,d) um espaço métrico e seja B = B(x,r) e D = D(x,r). Mostre que sempre vale $\overline{B} \subset D$ e $B \subset D^O$.

m2: Dê exemplos em que $D \neq \overline{B}$, $B \neq D^O$.

m3: Se $D^O = B$, necessariamente temos $D = \overline{B}$?

m4: Se $D = \overline{B}$, necessariamente temos $D^O = B$?

•**Ex. n**: Quais das afirmações abaixo são verdadeiras (justifique suas respostas)?

n1: A reunião das aderências de dois subconjuntos é a aderência da reunião.

n2: A interseção das aderências de dois subconjuntos é a aderência da interseção.

n3: Se A é aberto, então ele coincide com o interior de sua aderência.

n4: O complementar do interior de um subconjunto é a aderência de seu complementar.

Deixamos a demonstração dos dois corolários que seguem a cargo do leitor:

Corolário 1.10: Seja (M,d) um espaço métrico e (N,d_N) um subespaço. Então $F \subset N$ é fechado em N se, e somente se, for a interseção de N com um fechado de M.

Corolário 1.11: Seja N fechado em M. Condição necessária e suficiente para que $F \subset N$ seja fechado em M é que F seja fechado de N.

•**Ex.o**: O Teorema 1.2 e o Corolário 1.9 mostram que M e $\varnothing$ são, ao mesmo tempo, abertos e fechados. Chamamos a atenção do leitor

INTRODUÇÃO À TOPOLOGIA 49

para o fato que isso pode ocorrer também com outros subconjuntos de um espaço métrico.[1]

o1: Mostre que $\mathfrak{R}^{++} = \{x \in \mathfrak{R} \mid x > 0\}$ é aberto e fechado em $\mathfrak{R}^* = \{x \in \mathfrak{R} \mid x \neq 0\}$, onde estamos usando a métrica induzida pela métrica habitual de $\mathfrak{R}$.

o2: Qualquer subconjunto de um espaço discreto é, ao mesmo tempo, aberto e fechado.

o3: Dê exemplos de subconjuntos de espaços métricos que não são abertos nem fechados.

•Ex. p1: Seja F fechado e $x \notin$ F, mostre que $d(F,x) > 0$.

p2: Dois subconjuntos fechados e disjuntos podem ter distância nula. Veja, por exemplo, os conjuntos H_t do **Ex.1** do item 1.2.1, no Capítulo1, que são todos fechados, mas, como vimos, $d(H_s, H_t) = 0$.

Definição 1.9: Sejam A e B subconjuntos de um espaço métrico (M,d). Dizemos que A é denso em B se $B \subset \overline{A}$. Se A for denso em M, dizemos simplesmente que A é *denso*.

•Ex. q1: Mostre que Q é denso em qualquer subconjunto de $\mathfrak{R}$.

q2: O conjunto I dos números irracionais (complementar de Q) também é denso em qualquer subconjunto de $\mathfrak{R}$.

q3: Mostre que se A e O forem abertos e densos, então $A \cap O$ também é aberto e denso.

•Ex.r: Mostre que A é denso em B se, e somente se, para todo $b \in$ B existir uma sequência $(a_n)_{n \in N}$ de elementos de A tal que $\lim_{n \to \infty} d(a_n, b) = 0$.

•Ex.s1: Mostre que A é denso se, e somente se, qualquer aberto não vazio de M contiver pontos de A.

s2: O único subconjunto denso em um espaço discreto é o próprio espaço.

•Ex.t: Suponha que $A \subset B \subset C$ e que A seja denso em C. Mostre que A é denso em B e que B é denso em C.

Na Geometria Elementar, estudam-se figuras planas, como polígonos, círculos etc., e espaciais, como poliedros e outros sólidos

---

1 Esse fenômeno será estudado no Capítulo 3.

50 GILBERTO FRANCISCO LOIBEL

no espaço. Essas figuras têm contornos que, no primeiro caso, são poligonais fechadas ou circunferências e, no segundo, são superfícies poliedrais ou mais gerais. Esses contornos dividem o plano ou o espaço em duas regiões, uma limitada constituída pelos pontos internos à figura em estudo e a outra ilimitada que representa a parte que é externa a nossa figura. Podemos perguntar como caracterizar, em termos da métrica, os pontos que pertencem à "fronteira entre a parte interna e a parte externa". Nos exemplos considerados, ocorre o seguinte: o ponto não pode ser interior à figura nem interior ao seu complementar. Isso significa que arbitrariamente próximo de um ponto de "fronteira" existem tanto pontos da figura como do complementar dela. Em outras palavras, a distância do ponto de "fronteira" à figura é nula, e o mesmo acontece com sua distância ao complemento. Fato semelhante ocorre na reta que é "fronteira" de um semiplano. Generalizando esses fatos para subconjuntos quaisquer de um espaço métrico, chegamos à Definição 1.10.

Definição 1.10: Sejam (M,d) um espaço métrico, $A \subset M$ e $x \in M$. Dizemos que x é *ponto fronteira* de A se, $\forall\ r > 0$, temos $B(x,r) \cap A \neq \emptyset$ e $B(x,r) \cap C_M A \neq \emptyset$. O próprio ponto x pode ser o único pertencente a uma dessas interseções. O conjunto dos pontos fronteira de A é chamado de *fronteira* de A e é denotado com $Fr(A)$.

Apesar de ter se originado na ideia de contorno, a noção de fronteira é muito mais complexa, como mostram alguns dos exemplos que seguem.

•Ex.u1: Determine a fronteira dos seguintes subconjuntos de $\mathfrak{R}$: $[a,b)$, Z, Q, $\{1/n \mid n = 1, 2, \ldots,\}$.

u2: Determine a fronteira dos seguintes subconjuntos de $\mathfrak{R}^2$: $H = \{(x,y) \mid y > 1\}$,
$E = \{(x,y) \mid x^2/a^2 + y^2/b^2 - 1 < 0\}$, Q X Q, $[a,b]$ X $[c,d]$, $\{(r\cos\theta, r\sin\theta) \mid r > 1 \text{ e } \cos\theta \in Q\}$.

•Ex.v: Verifique que $Fr(A) = Fr(C_M A) = Ad(A) \cap Ad(C_M A)$.

•Ex.w: Mostre que para todo A temos $\overline{A} = A^O \cup Fr(A)$ e que A é fechado se, e somente se, $Fr(A) \subset A$.

2.2 Funções contínuas

2.2.1 Definições e propriedades

De agora em diante, se não houver perigo de confusão, usaremos o mesmo símbolo d para designar as métricas de diversos espaços.[2] Também escreveremos M em lugar de (M,d).

Na Introdução, lembramos a definição de função contínua de aplicações do $\mathfrak{R}^n$ no $\mathfrak{R}^m$ usada no cálculo. Esta se generaliza imediatamente para aplicações entre espaços métricos:

Definição 2.1: Seja f : M → N uma função entre espaços métricos e seja a ∈ M um ponto. Dizemos que f é *contínua no ponto a*, se para cada r > 0 existir s > 0 tal que $f(B(a,s)) \subset B(f(a),r)$. Em outras palavras, sempre que vale d(x,a) < s, teremos d(f(x),f(a)) < r. f será dita contínua se ela for contínua em todos os pontos de M.

Observamos que s depende tanto de r como de a̲, e f(B(a,s)) em geral não é uma bola, mas está simplesmente contido em uma bola do segundo espaço.

Lema 2.1: Se f : M → N for contínua em a e se g : N → P for contínua em b = f(a), então g o f será contínua em a̲.

Demonstração: Dado r > 0, usando a continuidade de g, obtemos em primeiro lugar s > 0 tal que $g(B(b,s)) \subset B(g(b), r)$. Em seguida, obtemos t > 0 tal que $f(B(a,t)) \subset B(f(a),s)$ e, portanto, $(g \circ f)(B(a,t) \subset g(B(f(a),s)) \subset B(gf(a), r)$.

O leitor certamente tem conhecimento de um grande número de funções contínuas, como os polinômios, as funções trigonométricas, exponenciais e logaritmos, as projeções de um plano sobre uma reta etc.

No que segue, vamos apresentar algumas classes bem gerais de funções contínuas.

•**Ex.a:** Toda função constante é contínua.

---

2   Atitude análoga se toma na Álgebra, onde o mesmo sinal + é usado para designar a lei de composição de diversos grupos.

52 GILBERTO FRANCISCO LOIBEL

•Ex.b: Dizemos que uma função $f : M \to N$ admite uma *constante de Lipschitz* $c > 0$ ($c \in \Re$) se $\forall$ $x,y \in M$ tivermos $d(f(x),f(y)) \leq c\ d(x,y)$. Nessas condições, dizemos que f é *lipschitziana*. Se $c = 1$, dizemos que f é uma *contração fraca*; e se $c < 1$, temos uma *contração forte* (ou simplesmente *contração*).

b1: Mostre que dizer que $c > 0$ é uma constante de Lipschitz é a mesma coisa que afirmar que qualquer que seja $r > 0$ vale $f(B(x,r/c)) \subset B(f(x),r)$, para todo $x \in M$.

b2: Mostre que toda função lipschitziana é contínua.

•Ex.c1: Considere o produto cartesiano $M = M_1 \times M_2 \times \ldots \times M_n$ e Id : $M \to M$ a identidade. Lembremos que as três métricas d', d" e d''' satisfazem as desigualdades (ver item 1.1.6 do Capítulo 1, Ex.a) $d'''(x,y) \leq d'(x,y) \leq d''(x,y) \leq nd'''(x,y)$. A primeira dessas desigualdades mostra que Id, considerado com aplicação de (M,d') em (M,d'''), é lipschitziana e, portanto, contínua.

c2: Analogamente, obtemos a continuidade de Id entre qualquer outro par desses espaços.

c3: Disso resultam dois fatos importantíssimos: qualquer que seja a função $f : M \to N$, se f for contínua, usando em M uma das três métricas, f também será contínua usando qualquer uma das outras duas. Basta usar o Lema 2.1 e o fato que $f = f \circ$ Id. Fato análogo ocorre com uma função $g : P \to M$.

•Ex.d: Seja $pr_i : M_1 \times M_2 \times \ldots \times M_n \to M_i$ a projeção do produto cartesiano M sobre o fator M_i. Usando em M qualquer das três métricas, vemos que pr_i é uma contração fraca e, portanto, contínua.

Seja $f : N \to M = M_1 \times M_2 \times \ldots \times M_n$. As funções $f_i : N \to M_i$ dadas por $f_i = pr_i \circ f$ são chamadas *componentes* de f.

Proposição 2.2: Uma função $f : N \to M = M_1 \times M_2 \times \ldots \times M_n$ é contínua se, e somente se, cada uma de suas componentes for contínua.

Demonstração: Pelo que vimos no **Ex.c** acima, podemos usar em M qualquer uma das três métricas. Vamos escolher a d'''. É claro que sendo f contínua, suas componentes serão contínuas como compostas de funções contínuas. Suponhamos então que as f_i sejam todas contínuas em um dado ponto $\underline{a}$ de N. Então dado $r > 0$, podemos encontrar s > 0 tal que $f_i(B(a,s) \subset B_i(f_i(a),r)$, para todos os i. Segue-se que $f(B(a,s)) \subset B_1(f_1(a,r) \times B_2(f_2(a,r) \times \ldots B_n(f_n(a,r) = B'''(f(a),r)$. Ver **Ex.d** do item 1.2.1, do Capítulo 1.

Corolário 2.3: Sejam $f_i : N_i \to M_i$ aplicações contínuas, então a aplicação $F : N = N_1 \times N_2 \times \ldots \times N_n \to M = M_1 \times M_2 \times \ldots \times M_n$ dada por $F(x_1, x_2, \ldots, x_n) = (f_1(x_1), f_2(x_2), \ldots, f_n(x_n))$ é contínua.

Demonstração: Basta ver que suas componentes são $F_i = f_i$ o pr_i.

•**Ex.e1**: Mostre que as imersões isométricas, as isometrias e as isometrias locais são contínuas.

e2: Como as inclusões canônicas de subespaços são imersões isométricas, segue-se que elas são contínuas.

e3: Seja agora f : M → N contínua e seja A um subespaço de M. Compondo a inclusão i_A : A → M com f, obtemos a restrição de f a A: f |A = f o i_A que é, portanto, contínua.

•**Ex.f1**: Seja f : M → N, onde em M temos a métrica discreta. Mostre que f é contínua.

f2: Mais geralmente toda função f : A → B é contínua em todos os pontos isolados de A.

•**Ex.g**: Seja V um espaço vetorial normado e H_k : V → V a *homotetia de coeficiente k* ($H_k(v) = k\,v$). Mostre que H_k é lipschitziana de constante |k|.

•**Ex.h1**: Seja L uma aplicação linear entre os espaços vetoriais normados V e W. Quaisquer que sejam x, y, v ∈ V, teremos $d(L(x+v), L(x)) = \|L(v+x) - L(x)\| = \|L(v)\| = d(L(v), 0)$. Temos ainda que $d(L(\lambda v), 0) = \|\lambda L(v)\| = |\lambda|\,\|L(v)\| = |\lambda|\delta(\Lambda(\varpi), 0)$.

h2: Suponhamos agora que para algum ponto x e para dois números s > 0 e r > 0 tenhamos que $L(B(x,s)) \subset B(L(x),r)$, então c = r/s será uma constante de Lipschitz para L.

h3: Segue que L é contínua se, e somente se, for contínua em um ponto x qualquer de V.

Se o espaço V for de dimensão finita, demonstra-se que toda aplicação linear L : V → W é contínua.[3] O exemplo que segue mostra

---

3 Ver, por exemplo, Lima, E. L. *Análise no espaço* R^n, p.92.

54 GILBERTO FRANCISCO LOIBEL

que, se V tiver dimensão infinita, existem aplicações lineares que não são contínuas.

•Ex.j: Uma sequência $a = (a_n)_{n \in N} = (a_n)$ de números reais é dita *quase nula* se, exceto para um número finito de índices, tivemos $a_n = 0$.

j1: O conjunto $\mathfrak{R}^\infty$ de todas as sequências quase nulas constitui um espaço vetorial com as operações: $a + b = (a_n + b_n)$ e $\lambda a = (\lambda a_n)$.

j2: A função $<a,b> = \Sigma a_n b_n$ define[4] um produto interno em $\mathfrak{R}^\infty$, e $\|a\| = <a,a>^{1/2}$ será a norma correspondente.

j3: Considere os elementos $e_i \in \mathfrak{R}^\infty$, $e_i = (e_{in})_n$ definidos por $e_{ii} = 1$ e $e_{in} = 0$ se $i \neq n$. Os e_i constituem uma base de $\mathfrak{R}^\infty$. Temos $\|e_i\| = 1$ para todo $i \in N$.

j4: A aplicação $L: \mathfrak{R}^\infty \to \mathfrak{R}$ dada por $L((a_n))_{n \in N} = \Sigma (n a_n)$ é linear, mas não contínua. Realmente seja $s > 0$, então $\|s e_i\| = s$ e $L(s e_i) = s i$, assim por pequeno que seja s podemos escolher i de tal forma que $L(s e_i)$ se torne arbitrariamente grande.

•Ex.k1: Sejam (M,d) um espaço métrico e $a \in M$. Mostre que a função $f(x) = d(a,x)$ é contínua.

k2: Mostre que $d : M \times M \to R$ é contínua (sugestão: use a métrica d''' em M x M).

2.2.2 Caracterização das funções contínuas em termos de abertos e fechados

Vimos que diversos conceitos introduzidos neste capítulo, originalmente definidos em termos da métrica, poderiam ser definidos em termos dos abertos dos espaços métricos. Estão nessa condição as noções de fechado, ponto de acumulação, aderência, fronteira, conjunto denso etc. Vimos também exemplos de conjuntos nos quais diversas métricas forneciam os mesmos abertos, e, portanto, todas as noções coincidiam. Neste item, vamos caracterizar as funções contínuas em termos dos abertos, em primeiro lugar a continuidade em

---

4 Como o somatório somente tem um número finito de parcelas não nulas, a função $<a,b>$ faz sentido.

INTRODUÇÃO À TOPOLOGIA **55**

um ponto e depois a continuidade global. Este último resultado é o mais importante.

Proposição 2.4: Condição necessária e suficiente para que a aplicação f : M → N seja contínua no ponto $\underline{a}$ é que, dado um aberto Ω de N que contém f(a), exista um aberto O de M contendo $\underline{a}$ tal que f(O) ⊂ Ω.

Demonstração: Seja f contínua no ponto $\underline{a}$ e seja Ω um aberto contendo f(a). Então existe r > 0 tal que B(f(a),r) ⊂ Ω. Como f é contínua em $\underline{a}$, existe s > 0 tal que f(B(a,s)) ⊂ B(f(a),r) ⊂ Ω. Basta usar o aberto O = B(a,s). Reciprocamente, supondo a condição satisfeita, dado r > 0 façamos Ω = B(f(a),r). Por hipótese, existe O aberto contendo $\underline{a}$ tal que f(O) ⊂ Ω. Por sua vez, sendo O aberto, existe s > 0 tal que B(a,s) ⊂ O e, portanto, f(B(a,s)) ⊂ B(f(a),r).

Proposição 2.5: Condição necessária e suficiente para que a aplicação f : M → N seja contínua é que para todo aberto Ω ⊂ N a imagem inversa O = f⁻¹(Ω) seja aberta em M.

Demonstração: Suponhamos que f seja contínua e que Ω ⊂ N seja aberto. Seja x ∈ O = f⁻¹(Ω). Como f é contínua em x, existe aberto A tal que f(A) ⊂ Ω, ou seja, A ⊂ O. Isso mostra que O é vizinhança de todos os seus pontos, e, portanto, O é aberto. Reciprocamente suponha que a imagem inversa de todo aberto de N seja aberto de M. Queremos mostrar que f é contínua em todos os pontos de M. Seja $\underline{a}$ ∈ M e Ω aberto de N contendo f(a). O aberto O = f⁻¹(Ω) contém $\underline{a}$ e f(O) = f f⁻¹(Ω) ⊂ Ω, o que mostra que f é contínua em $\underline{a}$.

Deixamos ao leitor a demonstração do Corolário 2.6.

Corolário 2.6: Condição necessária e suficiente para que a aplicação f : M → N seja contínua é que, para todo fechado Φ ⊂ N, a imagem inversa F = f⁻¹(Φ) seja fechada em M.

•**Ex.a**: Sejam M e N espaços métricos, sendo N discreto. Seja f : M → N contínua. Mostre que ; A ⊂ N, f⁻¹(A) é ao mesmo tempo aberto e fechado em M.

•**Ex.b**: Sejam M e N espaços métricos e f, g : M → N funções contínuas. Mostre que C = {x ∈ M | f(x) = g(x)} é fechado em M (sugestão: considere as funções F : M → N x N, onde F(x) = (f(x),g(x)), e H = d o F : M → ℜ).

56 GILBERTO FRANCISCO LOIBEL

2.2.3 Restrições de funções: recobrimentos

No **Ex.e** do item 2.2.1, vimos que a restrição de uma função contínua a qualquer subconjunto é uma função contínua. Vale ainda outra informação: se uma função for contínua em um ponto de um subconjunto, então a restrição da função a esse subconjunto é ainda contínua nesse ponto. As recíprocas dessas afirmações não são verdadeiras como mostra o seguinte exemplo.

•Ex.a: Seja $f : \Re \to \Re$ dada por: $f(x) = 1$ se $x \in Q$ e $f(x) = 0$ se $x \notin Q$. f é descontínua (isto é, não-contínua) em todos os pontos, mas $f | Q$ e $f | (\Re - Q)$, sendo funções constantes, são contínuas.

Há, porém, situações em que a continuidade de restrições garante a continuidade de uma função. Consideraremos em primeiro lugar a continuidade em um ponto.

Lema 2.7: Seja $f : M \to N$ uma função e $A \subset M$ um aberto. Se $f | A$ for contínua no ponto $a \in A$, então f também é contínua em a.

Demonstração: Seja Ω um aberto de N que contém $f(a)$. Então existe um aberto O de A contendo $\underline{a}$ tal que $(f | A)(O) \subset \Omega$. Sendo A aberto, temos que O é aberto em M e $f(O) = (f | A)(O) \subset \Omega$, o que mostra que f é contínua no ponto $\underline{a}$.

Em particular, se $f | A$ for contínua em todos os pontos de A, também f será contínua em todos os pontos de A.

Necessitamos de algumas definições para enunciar a proposição seguinte, a qual faz uso do Lema 2.7.

Definição 2.2: Seja M um conjunto e seja $A \subset M$. Uma família $\Gamma = (C_i)_{i \in I}$ de subconjuntos de M será um *recobrimento* de A se $A \subset \cup_{i \in I} C_i$. Em particular, se $M = \cup_{i \in I} C_i$ Γ será um recobrimento de M.

Definição 2.3: Se o conjunto de índices I de um recobrimento for finito, teremos um *recobrimento finito*. Se I for enumerável, falamos de um *recobrimento enumerável*.

Definição 2.4: Se M for um espaço métrico e todos os elementos C_i de um recobrimento forem abertos, teremos um *recobrimento aberto*. Analogamente um *recobrimento fechado* será aquele em que todos os C_i forem fechados.

INTRODUÇÃO À TOPOLOGIA 57

Proposição 2.8: Seja $f : M \to N$ uma função e seja $\Omega = (O_i)_{i \in I}$ um recobrimento aberto de M. Sejam $f_i = f \mid O_i : O_i \to N$ as restrições de f aos elementos de Ω. Então uma condição necessária e suficiente para que f seja contínua é que todas as f_i sejam contínuas. Usando o Lema 2.7, a demonstração é imediata.

Proposição 2.9: Seja $f : M \to N$ uma função e seja $\Phi = (F_i)_{i=1,2...,n}$ um recobrimento fechado e finito de M. Sejam $f_i = f \mid F_i : F_i \to N$ as restrições de f aos elementos de Φ. Então uma condição necessária e suficiente para que f seja contínua é que todas as f_i sejam contínuas.

Demonstração: Já vimos que, se f for contínua, todas as f_i serão contínuas. Para obter a recíproca, observemos em primeiro lugar que
$$\forall\ G \subset N \text{ vale } f^{-1}(G) = \bigcup_{i=1}^{n} f_i^{-1}(G) \text{ (ver o } \mathbf{Ex.h} \text{ do item } \mathbf{A.2.3}).$$ Se G for fechado então segue, pelo Corolário 2.6, que, para todos i, $f_i^{-1}(G)$ será fechado em F_i. Pelo Corolário 1.11 do item 2.1.2, temos que cada $f_i^{-1}(G)$ é fechado em M e $f^{-1}(G)$ resulta fechado, como reunião finita de fechados. Usando novamente o Corolário 2.6, vemos que f é contínua.

Nas aplicações dessas duas proposições, geralmente são dadas funções contínuas f_i definidas em certos subconjuntos, e há necessidade de verificar se existe uma função f da qual elas são restrições. Para que isso ocorra, deve-se testar se f_i e f_j coincidem na parte onde ambas são definidas.

•Ex.b: É comum definir funções de variável real dando expressões diferentes em intervalos ou semirretas que compõem seu campo de definição. Devemos então testar a coerência da definição nas interseções. Por exemplo, a função valor absoluto é definida por $|x| = x$ se $x \geq 0$ e $|x| = -x$ se $x \leq 0$, que são contínuas. Como no único ponto comum às semirretas $(-\infty,0]$ e $[0,+\infty)$ temos $|0| = 0 = -0$, a função é contínua.

•Ex.c: Use a Proposição 2.8 para mostrar que toda isometria local é contínua.

•Ex.d: Considere a circunferência S de raio 1 e centro na origem. Inscreva nela um quadrilátero Q de lados iguais e paralelos aos eixos coordenados. Projete o quadrilátero a partir do centro sobre a cir-

58 GILBERTO FRANCISCO LOIBEL

cunferência, obtendo a função p : Q $\to$ S. Mostre que p é contínua escrevendo expressões para suas restrições aos quatro lados do quadrilátero. Mostre ainda que p^{-1} : S $\to$ Q também é contínua.

•Ex.e1: Mostre que o subconjunto ABC = $\{X = A + \lambda(B-A) + \mu(C-A) \mid 0 \le \lambda, \mu \le 1 \text{ e } \lambda+\mu \le 1\}$ de $\mathfrak{R}^n$ é o triângulo de vértices A, B e C. Seja A'B'C' um segundo triângulo em $\mathfrak{R}^m$. Defina a aplicação T : ABC $\to$ A'B'C' por $T(A + \lambda(B-A) + \mu(C-A)) = A' + \lambda(B'-A') + \mu(C'-A')$. Mostre que T é uma função contínua de ABC sobre A'B'C'.

e2: Sejam agora ABCD $\subset \mathfrak{R}^n$ e A'B'C'D' $\subset \mathfrak{R}^m$ dois quadrângulos planos. Dividindo ABCD em dois triângulos, construa uma função contínua do primeiro quadrângulo sobre o segundo. Mostre que a função inversa ainda é contínua.

e3: Utilize esse método para construir uma aplicação contínua e bijetora de um n-ágono sobre outro (que pode ter um número de lados diferente do primeiro). Proceda de tal forma que a inversa também seja contínua.

2.2.4 Métricas equivalentes

Definição 2.5: Duas métricas d_1 e d_2 em um mesmo conjunto M são *equivalentes* se dão origem aos mesmos conjuntos abertos.[5]

Proposição 2.10: Duas métricas d_1 e d_2 em M são equivalentes se, e somente se, a identidade I_M de M for contínua tanto considerada como função de (M,d_1) para (M,d_2) como no sentido contrário.

Demonstração: Basta observar que $I_M^{-1}(O) = O$ para todo aberto O de M e aplicar a Proposição 2.5.

Corolário 2.11: Condição necessária e suficiente para que duas métricas d_1 e d_2 sejam equivalentes é que ; $x \in M$ e $r > 0$ exista $s > 0$ tal que $B_1(x,r) \supset B_2(x,s)$ e $B_2(x,r) \supset B_1(x,s)$.

---

5 Essa definição já poderia ser dada no item 2.1.1 referente aos conjuntos abertos, mas somente aqui podemos dar um tratamento mais completo a essa questão.

INTRODUÇÃO À TOPOLOGIA **59**

Demonstração: É imediato que essa condição equivale à continuidade de I_M nos dois sentidos.

Corolário 2.12: Uma condição suficiente para a equivalência de duas métricas d_1 e d_2 é que existam dois números positivos h e k tais que h $d_1(x,y) \leq d_2(x,y) \leq$ k $d_1(x,y)$, $\forall$ x,y $\in$ M.

Demonstração: A condição simplesmente diz que I_M é lipschitziana nos dois sentidos, o que garante sua continuidade em ambos os sentidos.

Apesar de essa condição ser extremamente restritiva (ela obviamente não é necessária), ela é bastante útil em aplicações.

Observação: Neste capítulo, introduzimos diversas noções usando originalmente a métrica de um espaço, mas provando depois que elas poderiam ser obtidas baseando-se na noção de aberto. Essas noções, ditas *topológicas*, não se alteram quando substituímos uma métrica por uma outra equivalente. Assim os fechados, as fronteiras, os conjuntos densos, as funções contínuas etc. são os mesmos relativamente a duas métricas equivalentes.

•Ex.a: Utilize o Corolário 2.12 para mostrar que as três métricas d', d'' e d''' nos produtos cartesianos são equivalentes.

•Ex.b: Seja (M,d) um espaço métrico. Mostre que $d_1(x,y) = \min(d(x,y),1)$ é uma métrica equivalente a d em M. Mostre que (M,d_1) tem diâmetro 1. Isso mostra que toda métrica é equivalente a uma métrica limitada. Observe ainda que as bolas de raio r $\leq$ 1 coincidem nas duas métricas.

•Ex.c: Sejam d_1 e d_2 duas métricas em um conjunto M. Mostre que, se existir k > 0 tal que as bolas de raio r < k coincidem nas duas métricas, então essas métricas são equivalentes. Encontre exemplos dessa situação.

•Ex.d: Seja (M,d) um espaço métrico. Defina $d_*(x,y) = \dfrac{d(x,y)}{1+d(x,y)}$.
Mostre que d_* é uma métrica limitada equivalente a d.

2.2.5 Homeomorfismos

Definição 2.6: Uma bijeção contínua f : M → N entre espaços métricos é chamada de homeomorfismo se sua inversa f $^{-1}$ também for contínua.

É fácil ver que um homeomorfismo estabelece correspondência biunívoca entre os abertos dos dois espaços. Isso implica que as noções topológicas de um deles correspondem fielmente às do outro. Assim, a fechados correspondem fechados, a conjuntos densos correspondem conjuntos densos etc.

Definição 2.7: As propriedades de um espaço que se conservam por homeomorfismos são chamados de *invariantes topológicos*.

A Topologia estuda e aplica os invariantes topológicos.

Apesar de sua aparente simplicidade, a noção de homeomorfismo envolve inúmeras questões dificílimas, centrais em diversas áreas da Matemática, muitas das quais até hoje sem solução. Mesmo no nível elementar deste curso, veremos que o estabelecimento efetivo de homeomorfismos entre dois espaços simples é, em geral, ao menos trabalhoso.

Os **Ex.d** e **Ex.e** do item 2.2.3 seriam enunciados agora sob a forma "estabeleça homeomorfismo entre um quadrilátero e uma circunferência ou entre dois polígonos".

•**Ex.a1**: Mostre que toda isometria é um homeomorfismo.

a2: Dê exemplos de homeomorfismos que não são isometrias.

•**Ex.b**: Mostre que duas métricas d_1 e d_2 de M são equivalentes se, e somente se, I_M for um homeomorfismo entre (M, d_1) e (M, d_2).

•**Ex.c1**: Mostre que a função composta de dois homeomorfismos ainda é um homeomorfismo. Pela própria definição, a inversa de um homeomorfismo é um homeomorfismo.

c2: Mostre que o conjunto dos homeomorfismos de um espaço sobre si mesmo é um grupo, usando a composição de funções como operação. Esse grupo é, em geral, muito mais complexo do que o grupo das isometrias de um espaço métrico.

•Ex.d1: Sejam a, b, c e d números reais tais que a < b e c < d. É imediato verificar que a função $y = f(x) = \dfrac{d-c}{b-a}(x-a)+c$, é um homeomorfismo de $\mathfrak{R}$ sobre $\mathfrak{R}$.

d2: Restringindo f a (a,b), (a,b], [a,b) e [a,b], podemos obter homeomorfismo entre esses intervalos e os intervalos (c,d), (c,d], [c,d) e [c,d], respectivamente.

d3: Se a < b mas c > d, a mesma expressão nos permite obter homeomorfismo de (a,b] sobre [d,c). Assim, vemos que dois intervalos de mesmo tipo sempre são homeomorfos.

•Ex.e: Estabeleça homeomorfismo entre duas semirretas abertas (fechadas).

•Ex.f1: Mostre que toda função contínua e estritamente crescente [decrescente] do intervalo [0,1] sobre [0,1] é um homeomorfismo. Isso mostra que, mesmo no caso de um espaço relativamente simples, o grupo dos homeomorfismos H = Homeo([0,1]) é muito complicado.

f2: Mostre que o conjunto P dos homeomorfismos de [0,1] cujos gráficos são poligonais forma um subgrupo de H.

•Ex.g##: Introduza no conjunto H, do exercício anterior, a métrica do *extremo superior*, isto é, para f,g $\in$ H pomos: $d(f,g) = \sup_{0 \le t \le 1}(f(t),g(t))$ (ver Capítulo 1, item 1.1.5, Ex.h). Mostre que P é denso em H.

•Ex. h1: Estude a função y = f(x) = x (1 - |x|)$^{-1}$ definida no intervalo (-1,1). Mostre que é um homeomorfismo desse intervalo sobre $\mathfrak{R}$.

h2: Construa homeomorfismos entre um intervalo aberto qualquer e $\mathfrak{R}$, entre uma semirreta aberta e R, entre um intervalo aberto (semiaberto) e uma semirreta aberta (fechada).

h3: Construa homeomorfismo entre uma bola aberta do plano e $\mathfrak{R}^2$.

•Ex.i: Mostre que dois círculos sempre são homeomorfos, o mesmo vale para duas circunferências.

•Ex.j1: Seja S^1 a circunferência de centro na origem e raio 1 com a métrica induzida pela métrica habitual do plano, estude o grupo de isometrias de S^1.

62 GILBERTO FRANCISCO LOIBEL

j2: Exiba outros homeomorfismos de S^1.

•Ex.k1: Seja $C = S^1 \times \Re$ um cilindro indefinido de $\Re^3$. Seja $P = \Re^2 - \{(0,0)\}$ o plano menos a origem. Construa um homeomorfismo entre C e P.

k2: Construa homeomorfismo entre $\Re^3 - \{(0,0,0)\}$ e $S^2 \times \Re$, onde S^2 é a esfera de raio 1 e centro na origem de $\Re^3$.

•Ex.l: Mostre que, se M for homeomorfo a M' e N homeomorfo a N', então M X N será homeomorfo a M' X N'. Sugestão: use o Corolário 2.3 do item 2.2.1.

•Ex.m: Seja h: $M \to N$ um homeomorfismo e seja $A \subset M$ um subespaço. Seja B = h(A). Mostre que A é homeomorfo a B, e M - A é homeomorfo a N - B.

•Ex.n[#]: Quais das figuras compostas de segmentos e arcos, representadas pelas letras que se seguem, são homeomorfas entre si? I S X Y D H J A F N P R K L O E W Q.[6]

•Ex.o: Mostre que toda aplicação de Z em Q é contínua, mas nenhuma é um homeomorfismo.

•Ex.p1: Sejam I e I' dois intervalos abertos e disjuntos de $\Re$ e sejam J e J' dois outros intervalos abertos e disjuntos. Mostre que $I \cup I'$ é homeomorfo a $J \cup J'$.

p2: Resultado análogo vale se os intervalos forem fechados.

p3: Podemos fazer a mesma afirmação se I e J forem abertos, mas I' e J' fechados?

•Ex.q1: Seja V um espaço vetorial normado e seja $H_k : V \to V$, dada por $H_k(v) = k\,v\,(k \neq 0)$, a homotetia de coeficiente k. H_k é bijetora e sua inversa é a homotetia de coeficiente $1/k$. Como vimos no Ex.f do item 2.2.1, as homotetias são contínuas e, portanto, homeomorfismos.

q2: A aplicação $T_w : V \to V$ dada por $T_w(v) = v + w$ é a *translação pelo vetor w*. Mostre que as translações são isometrias e, portanto, homeomorfismos.

---

6 Para mostrar que duas das figuras são homeomorfas, basta exibir um homeomorfismo; a parte mais difícil é mostrar que duas delas não são homeomorfas. Esse exercício se tornará fácil depois do estudo da conexão.

INTRODUÇÃO À TOPOLOGIA 63

q3: Utilizando homotetias e translações, mostre que r > 0, s > 0 e x,y ∈ V, B(x,r) e B(y,s) são homeomorfas.

•Ex.r: Uma aplicação contínua e bijetora, de um conjunto sobre si mesmo, não necessariamente é um homeomorfismo. Observe o seguinte exemplo: seja $A = N \cup \{1/n \mid n \in N^*\} \subset \Re$, e seja $f : A \to A$ dada por:

$f(1/n) = 1/2n$ se n ∈ N^*

$f(2m) = m$ se m ∈ N

$f(2m+1) = 1/(2m+1)$ se m ∈ N^*.

r1: Mostre que f é bijetora;

r2: como 0 é o único ponto de acumulação de A, basta analisar a continuidade de f e f^{-1} nesse ponto.

•Ex.s: Estabeleça homeomorfismos entre:

s1: um círculo e um quadrângulo;

s2: dois tetraedros;

s3: o disco $D'((0,0),1)$ e o hemisfério superior D^2_+ da esfera unitária S^2. D^2_+ é dado por: $\{(x,y,z) \mid x^2+y^2+z^2=1 \ \& \ z \geq 0\}$.

s4: a superfície lateral $S^1 \times [0,1]$ de um sólido cilíndrico e o anel circular $A = \{(x,y) \mid 1 \leq x^2 + y^2 \leq 4\}$.

Entre os problemas importantes que envolvem a noção de homeomorfismo, citamos o da classificação topológica: em cada conjunto de espaços métricos, podemos introduzir a relação que considera equivalentes dois espaços que sejam homeomorfos. As classes de equivalência dessa relação são os *tipos topológicos* dos espaços desse conjunto. A classificação desses tipos, mesmo para coleções relativamente simples de espaços, é em geral bastante difícil ou mesmo impossível.[7] O estudo desse problema conduz aos invariantes topológicos que são propriedades dos espaços que se conservam pelos homeomorfismos. Por intermédio desses invariantes, podem ser

---

7 Alguns exemplos de coleções são: os subespaços de R, os subespaços finitos de R, os subespaços de R^n, as superfícies de R^3, reuniões de um número finito de segmentos de R^3 e reuniões de um número finito de poliedros convexos de R^3. Desses exemplos, somente os conjuntos finitos se classificam facilmente (pelo número de seus elementos).

64 GILBERTO FRANCISCO LOIBEL

caracterizados alguns espaços. Estudaremos nos próximos capítulos alguns desses invariantes que permitem distinguir alguns espaços. Por exemplo, usaremos a compacidade para distinguir os intervalos fechados dos abertos, o número de componentes conexas para distinguir $\Re$ de $\Re$ - {0} etc. Quanto maior o número de invariantes topológicos, maior a chance de distinguir espaços. A Topologia Algébrica estuda uma grande variedade de invariantes que permitem, em alguns casos, a classificação de espaços em tipos topológicos e, em outros, uma classificação mais grosseira. Esses invariantes têm muitas outras aplicações, mas seu estudo excede em muito o propósito de nosso curso.

2.3 Espaços topológicos

2.3.1 Definição de topologia

No item 2.1.1, definimos os conjuntos abertos dos espaços métricos e demonstramos o Teorema 1.2, que mostra que o conjunto dos abertos de qualquer espaço métrico satisfaz certas propriedades básicas. Verifica-se que são justamente essas propriedades que tornam eficientes as definições, em termos de abertos, dos "conceitos topológicos" introduzidos[8] neste capítulo. Isso sugere as definições de topologia e espaço topológico que apresentaremos a seguir.[9]

Definição 3.1: Seja X um conjunto qualquer e $\tau \subset \wp(X)$ um conjunto de subconjuntos de X satisfazendo:

a) X e $\varnothing$ pertencem a τ;

---

8 Como ponto de acumulação, fronteira, função contínua etc.

9 A definição de topologia que apresentamos aqui não é a única nem a primeira, mas atualmente é a mais comum. Desde o final do século XIX, diversas outras definições foram introduzidas. Algumas axiomatizaram as noções de aderência, de fechado, vizinhança etc., a maioria levando aos mesmos resultados.

INTRODUÇÃO À TOPOLOGIA 65

b) Se $(O_i)_{i \in I}$ for uma família qualquer de elementos de τ, então $O = \cup_{i \in I} O_i$, pertence a τ;

c) Se $O_1, O_2, \ldots, O_n \in \tau$ então $\Omega = O_1 \cap O_2 \ldots \cap O_n \in \tau$.

Nessas condições, τ será uma *topologia* em X, o par (X,τ) será um *espaço topológico* e os elementos de τ serão os *abertos* desse espaço. Pelo que foi dito em todo espaço métrico é definida uma topologia chamada *topologia da métrica*. É um abuso de linguagem muito comum usar a expressão "espaço métrico" para designar o espaço topológico definido por uma métrica. Mas devemos lembrar que métricas equivalentes definem a mesma topologia. Um espaço topológico cuja topologia provém de uma métrica é chamado *metrizável*. Apresentaremos posteriormente dois critérios simples que permitem dizer que um espaço topológico *não* é metrizável. Isso permitirá mostrar que alguns dos exemplos que apresentaremos a seguir não são metrizáveis. Um estudo mais aprofundado dessa questão ultrapassa os propósitos destas notas e deve ser procurado em textos mais avançados.[10]

•**Ex.a**: Para todo conjunto X, o conjunto $\kappa = \{X,\varnothing\}$ é a topologia com menos abertos possível. Dizemos que κ é a *topologia caótica* em X e (X,κ) é um *espaço caótico*. Ao lado da *topologia discreta* definida pela métrica discreta, e que tem a maior quantidade de abertos, a topologia caótica é uma topologia que existe em qualquer conjunto.

•**Ex.b**: Seja $s_a = \{x \in \Re \mid x > a\}$ uma semirreta aberta dirigida para a direita. Seja $\sigma = \{\Re,\varnothing\} \cup \{s_a \mid a \in \Re\}$. Mostre que σ é uma topologia em $\Re$.

•**Ex.c**: Seja $t_a = \{x \in \Re \mid x \geq a\}$ uma semirreta fechada dirigida para a direita Seja $\tau = \{\Re,\varnothing\} \cup \{t_a \mid a \in \Re\}$. Verifique se τ é uma topologia em $\Re$. Verifique se $\sigma \cup \tau$ é uma topologia.

•**Ex.d**: O **Ex.b** pode ser generalizado para conjuntos totalmente ordenados $(C,\leq)$, nos quais todo subconjunto limitado inferiormente admite um extremo inferior. Mas, sem essa condição, o axioma b)

---

10 Ver, por exemplo, Lima, E. L. *Elementos de topologia*, cap. VIII.

66 GILBERTO FRANCISCO LOIBEL

falha como ocorre no caso $X = Q$. Podemos obter mesmo assim uma topologia em C considerando como abertos, além de C e $\emptyset$ toda reunião de "semirretas" da forma $s_a = \{c \in C \mid a < c\}$.

•**Ex.e1**: A topologia de $\Re$ induzida pela métrica habitual será chamada de *topologia habitual*. Mostre que essa topologia pode ser obtida considerando como abertos, além de $\emptyset$, todas as reuniões de intervalos abertos.

e2: Seja $(C, \leq)$ um conjunto totalmente ordenado. Definimos como *intervalo aberto* de C todo conjunto da forma $(a,b) = \{x \in C \mid a < x < b\}$. Suponhamos que C não tenha mínimo nem máximo. Isso implica que todo ponto p de C está contido em pelo menos um intervalo aberto. Observamos ainda que a interseção de dois intervalos abertos ou é vazia ou é um intervalo aberto. Vamos definir em C como abertos todos os subconjuntos que são reuniões de intervalos abertos.[11] Mostre que dessa forma obtemos uma topologia em C. Generalize essa topologia para conjuntos totalmente ordenados que têm máximo ou mínimo.

Usando os abertos, podemos generalizar os conceitos topológicos, introduzidos para os espaços métricos, aos espaços topológicos. Apresentaremos alguns exemplos e deixaremos outras definições a cargo do leitor.

Um subconjunto V de um espaço topológico (X,τ) é uma *vizinhança* de um ponto p, se existir um aberto O tal que $p \in O \subset V$. Verifica-se facilmente que a), se V é vizinhança de p e se $V \subset W$, então também W é vizinhança de p; b) se V e W são vizinhanças de p, então $V \cap W$ é vizinhança de p.

Sejam $p \in X$ e $A \subset X$. p será *ponto de acumulação* de A se qualquer vizinhança de p contiver um ponto de A distinto de p.

Seja $f : X \to Y$ uma função entre espaços topológicos, f será *contínua* no ponto p se, dado um aberto Ω qualquer de Y, que contém $f(p)$, existir um aberto O de X contendo p, tal que $f(O) \subset \Omega$.

---

11 O conjunto vazio é considerado aqui como reunião de uma família vazia de intervalos abertos.

INTRODUÇÃO À TOPOLOGIA   67

•Ex.f1: Defina *ponto interior, interior de um conjunto, conjunto derivado, aderência, fechado, fronteira, ponto isolado etc.* para espaços topológicos quaisquer.

f2: Defina *continuidade* (global) para funções entre espaços topológicos. Defina *homeomorfismo*.

f3: Verifique que um conjunto é aberto se, e somente se, coincidir com seu interior.

f4: Releia os §§ 1 e 2 deste capítulo e verifique o que mais pode ser generalizado para espaços topológicos.

f5: Devemos ter cautela, pois nem todos os resultados se generalizam. Por exemplo, num espaço métrico, toda vizinhança de um ponto de acumulação p de um subconjunto A contém infinitos pontos de A. Em espaços topológicos mais gerais, isso pode ser falso: considere em $X = \{a,b,c\}$ a topologia caótica. Seja $A = \{a,b\}$. Então c é ponto de acumulação de A, pois a única vizinhança de c, que é todo X, contém os pontos a e b de A (que são distintos de c), mas essa vizinhança não contém infinitos pontos de A.

•Ex.g1: Mostre que (X,τ) é discreto se, e somente se, todos os pontos de X forem isolados, ou seja, se, e somente se, todos os conjuntos unitários $\{x\}$ forem abertos.

g2: Mostre que uma topologia em $\Re$, na qual todos os intervalos fechados são conjuntos abertos, é a topologia discreta.

g3: Mostre que toda função definida em um espaço discreto é contínua e que toda função com valores em um espaço caótico é contínua.

•Ex.h: Seja X um conjunto infinito. $\varphi = \{\varnothing\} \cup \{A \subset X \mid C_X A$ é finito$\}$ é uma topologia chamada *topologia dos complementos dos finitos*.

•Ex.i1: Seja Y um conjunto infinito, $\omega \notin Y$ e $X = Y \cup \{\omega\}$. Mostre que obtemos uma topologia em X considerando como abertos a) todos os subconjuntos de Y e b) todos os subconjuntos que contêm ω cujo complemento seja finito.

i2: Se $Y = N$ ou N^*, geralmente se indica ω com o símbolo ∞. Mostre que $X = N^* \cup \{\infty\}$ é homeomorfo a $W = \{1/n \mid n \in N^*\} \cup \{0\} \subset \Re$.

68 GILBERTO FRANCISCO LOIBEL

Os exemplos anteriores mostram que todo conjunto infinito admite outras topologias, além da discreta e da caótica. Mas também nos conjuntos finitos com pelo menos 2 elementos existem outras topologias.

•Ex.j1: As topologias em X = {a,b} são 4: {∅, X}, {∅, {a}, X}, {∅,{b}, X} e {∅,{a},{b}, X}. Observe que a terceira é obtida da segunda, permutando os elementos a e b. Determine todas as topologias em um conjunto com três elementos {a,b,c}. Não exiba as topologias que podem ser obtidas por permutação dos elementos de uma outra já descrita.

j2: Descreva um método para obter algumas topologias distintas da discreta e da caótica, em conjuntos com mais do que 3 elementos.

A Proposição 1.3. do item 2.1.1 deste capítulo mostrou que os abertos de um subespaço (N,d_N) de um espaço métrico (M,d) são as interseções de N com os abertos de M. Isso sugere a definição de subespaço topológico que apresentaremos a seguir. Para tanto, demonstremos primeiro o Lema 3.1.

Lema 3.1: Seja (X,τ) um espaço topológico e Y um subconjunto de X. O conjunto τ_Y = {O ∩ Y | O ∈ τ} é uma topologia em Y.

Demonstração:

a) Basta observar que ∅ = ∅ ∩ Y, Y = X ∩ Y.

b) Seja $(\Omega_i)_{i \in I}$ uma família qualquer de elementos de τ_Y. Cada Ω_i = O_i ∩ Y onde O_i é algum aberto de X. Temos Ω = ∪ Ω_i = ∪ $(O_i ∩ Y)$ = $(∪ O_i)$ ∩ Y i ∈ I. Como a reunião de abertos em X é aberto, segue que Ω ∈ τ_Y.

c) A demonstração da terceira parte é semelhante à segunda e fica como exercício.

Definição 3.2: A topologia τ_Y acima descrita é a *topologia induzida* em Y por τ. (Y,τ_Y) é um *subespaço topológico* de (X,τ).

2.3.2 Axiomas de separação

Seja (M,d) um espaço métrico e a ≠ b dois de seus pontos. Seja r > 0 um número real tal que 2r < d(a,b). Então B(a,r) ∩ B(b,r) = ∅.

INTRODUÇÃO À TOPOLOGIA 69

Isso mostra que em todo espaço metrizável deve valer o axioma de Hausdorff:[12] um espaço topológico (X,τ) é dito de *espaço de Hausdorff* ou *separado* ou T_2 se, dados dois pontos a $\neq$ b de X, existirem dois abertos O e O' tais que a $\in$ O e b $\in$ O' e O $\cap$ O' = $\varnothing$.

•**Ex.a1**: Um espaço caótico com dois ou mais elementos não satisfaz o axioma de Hausdorff.

a2: Também o espaço descrito no **Ex.b** do item 2.3.1 não é separado, pois, se a < b, temos que $s_a \supset s_b$, ou seja, a interseção de dois abertos não vazios nunca é vazia.

a3: O mesmo ocorre com o espaço dos complementos finitos descrito no **Ex.h** do item 2.3.1, com efeito sejam O e O' dois abertos não vazios desse espaço, então F = CO e F' = CO' são finitos, logo C(O $\cap$ O') = F $\cup$ F' é finito e, portanto, O $\cap$ O' é infinito.

Observação: Quando não houver dúvida a respeito da topologia τ que usamos em um conjunto X, falamos do espaço topológico X em vez de (X,τ).

Definição 3.3: Sejam (X,σ) e (Y,τ) dois espaços topológicos. Seja A $\subset$ X e seja a $\in$ X um ponto de acumulação de A. Seja f : A $\rightarrow$ Y uma função. Dizemos que b $\in$ Y é (um) limite de f(x) quando x tende a <u>a</u> se, para todo aberto Ω de Y que contém b, existir um aberto O de X, contendo <u>a</u> tal que para todo x $\in$ O $\cap$ A, x $\neq$ a, tenhamos f(x) $\in$ Ω.

O resultado que segue mostra a importância dos espaços de Hausdorff.

Proposição 3.2: Nas condições da Definição 3.2, se Y for de Hausdorff e se f(x) admitir limite b quando x tende a <u>a</u>, então esse limite é único. Nessas condições, escreveremos $b = \lim_{x \to a} f(x)$.

Demonstração: Suponha que existam dois limites b e b' de f(x) quando x tende a <u>a</u>. Sejam Ω e Ω' dois abertos de Y, contendo b e b' respectivamente e tais que $\Omega \cap \Omega' = \varnothing$. Pela definição de limite, devem existir abertos O e O' que contenham <u>a</u> e tais que f(O $\cap$ A - {a}) $\subset \Omega$ e f(O' $\cap$ A - {a}) $\subset \Omega'$. Mas O $\cap$ O' = O'' é um aberto que

---

12 Hausdorff incluiu axioma equivalente a esse em sua definição de espaço topológico (ver H).

70 GILBERTO FRANCISCO LOIBEL

contém $\underline{a}$, e, pelo fato de $\underline{a}$ ser ponto de acumulação de A, existe $a^* \neq a$ pertencente a $A \cap O''$. Para este elemento, deve valer $f(a^*) \in \Omega$ e $f(a^*) \in \Omega'$, o que é absurdo, pois esses abertos são disjuntos.

O axioma de Hausdorff ou axioma T_2 é um dos *axiomas de separação*.[13] A título de curiosidade, apresentaremos a seguir os axiomas T_0 e T_1 que impõem condições mais fracas aos espaços. O leitor poderá encontrar na literatura o estudo dos *espaços regulares e normais* que são definidos por axiomas mais fortes.

Axioma T_0: Um espaço X satisfaz o axioma T_0 (ou é T_0) se, dados dois pontos de X, $a \neq b$, existir um aberto O de X que contenha um dos dois e não contenha o outro.

Axioma T_1: Um espaço X satisfaz o *axioma* T_1 (ou é T_1) se, dados dois pontos de X, $a \neq b$, existir um aberto O de X que contenha $\underline{a}$ e não contenha b.

É claro que no caso do axioma T_1 também existe aberto O' contendo b e não contendo $\underline{a}$. Vemos também que T_2 implica T_1 que, por sua vez, implica T_0.

•**Ex.b1**: Todo espaço métrico satisfaz os axiomas T_0 e T_1.

b2: A topologia das semirretas em $\Re$ (ver Ex.b do item 2.3.1) satisfaz o axioma T_0, pois se $a < b$, existe c tal que $a < c < b$ e $b \in s_c$, mas $a \notin s_c$. Mas, como toda semirreta dirigida para a direita que contém $\underline{a}$ necessariamente contém b, esse espaço não é T_1.

•**Ex.c**: Todo espaço X com a topologia dos complementos dos finitos é T_1. Realmente dados $a \neq b$ em X o conjunto X - {b} é um aberto contendo $\underline{a}$ e não contendo b.

•**Ex.d**: Mostre que, substituindo nos axiomas T_0 e T_1 a palavra "aberto" pela palavra "fechado", se obtêm axiomas T'_0 e T'_1 equivalentes aos primeiros.

•**Ex.e1**: Mostre que um espaço é T_1 se, e somente se, todo conjunto unitário for fechado.

e2: Sejam Y um espaço T_1, $f : X \to Y$ uma função contínua e $A \subset X$. Mostre que, se $f \mid A$ for constante, então $f \mid \overline{A}$ também será constante.

---

13 Em alemão *Trennungsaxiom*, e daí o T para designar esses axiomas.

INTRODUÇÃO À TOPOLOGIA **71**

•**Ex.f**: Mostre que um espaço T_1 é T_2 se, e somente se, todo ponto possui vizinhanças fechadas arbitrariamente pequenas.

2.3.3 Axiomas de enumerabilidade

Não é raro encontrarmos em espaços topológicos uma coleção de vizinhanças de descrição relativamente simples. Isso se torna particularmente interessante se entre tais vizinhanças se encontram vizinhanças arbitrariamente pequenas, ou seja, de tal modo que qualquer vizinhança de um ponto contenha uma vizinhança dessa coleção. O exemplo típico é a coleção das bolas de um espaço métrico (ver Definição 1.1).

Na realidade, não necessitamos de bolas de todos os raios, basta ter uma família de raios que contenha valores arbitrariamente pequenos. Por exemplo, a sequência $(1/n)_{n \in N}$ satisfaz essa condição. Em outras palavras, para cada ponto p o conjunto $\{(B(p,1/n) \mid n \in N\}$ é tal que qualquer vizinhança de p contém uma dessas bolas. Isto nos leva à Definição 3.4.

Definição 3.4: Seja X um espaço topológico e p ∈ X. Um conjunto S(p) de vizinhanças de p é um *sistema fundamental de vizinhanças* (*s.f.v.*) de p se, para toda vizinhança V de p, existir W ∈ S(p) tal que W ⊂ V.

•**Ex.a1**: Num espaço discreto X, podemos, para cada p, pôr S(p) = {{p}}, isto é, o único elemento de S(p) é o conjunto unitário {p}.

a2: Num espaço caótico a única possibilidade é fazer S(p) = {X}.

a3: Na topologia das semirretas (ver **Ex.b** do item 3.1), podemos escolher por exemplo o conjunto $\{s_{p\text{-}1/n} \mid n \in N\}$.

•**Ex.b1**: Não há necessidade de que os elementos de S(p) sejam vizinhanças abertas. Mostre que num espaço métrico os conjuntos T(p) = {D(p,r) | r>0} são sistemas fundamentais de vizinhanças (fechadas).

b2: O **Ex.f** do item 2.3.2 pode ser enunciado como: um espaço T_1 é também T_2 se, e somente se, todo ponto tiver um sistema fundamental de vizinhanças fechadas.

72 GILBERTO FRANCISCO LOIBEL

É muito comum definir topologias partindo de coleções de subconjuntos, impondo que sejam vizinhanças dos pontos. Vejamos um exemplo:

•**Ex.c1**: Seja $(C, \leq)$ um conjunto totalmente ordenado sem máximo e sem mínimo. Mostre que para todo p de C o conjunto $S(p)$ = $\{(a,b) \mid a < p < b\}$ é um sistema fundamental de vizinhanças da topologia descrita no **Ex**.e do item 2.3.1.

c2: Uma pequena modificação da definição de aberto permite estender essa construção no caso em que o conjunto C, totalmente ordenado, admita mínimo ou máximo.

•**Ex.d**: Suponhamos que X e Y sejam espaços topológicos e que em X cada ponto p tenha um s.f.v. $S(p)$ e em Y cada ponto q tenha um s.f.v. $T(q)$. Seja $f : X \to Y$ uma função. Para verificar a continuidade de f no ponto p, basta mostrar que para cada $W \in T(f(p))$ existe $V \in S(p)$ tal que $f(V) \subset W$.

De certo modo, seria interessante se os sistemas fundamentais de vizinhanças tivessem "poucos" elementos. Por exemplo, nos espaços métricos podemos usar como s.f.v. o conjunto das bolas (ou discos) de raios $1/n$. Isso representa uma grande vantagem, pois esses s.f.v. são enumeráveis. Isso permite demonstrações usando indução finita.

Introduziremos agora uma classe de espaços topológicos que incluem os espaços métricos:

Primeiro axioma de enumerabilidade: Dizemos que *um espaço satisfaz o primeiro axioma de enumerabilidade* ou E_1 se todo ponto admite um s.f.v. enumerável.

Os espaços métricos satisfazem o axioma E_1, pois podemos usar os s.f.v. $S(p) = \{B(p,1/n) \mid n \in N^*\}$. Um espaço que não é E_1 não pode ser metrizável, este é o segundo critério simples para mostrar que um espaço não é metrizável.

•**Ex.e**: Consideremos em um conjunto X a topologia dos complementos dos finitos. Se X for enumerável e $p \in X$, consideremos uma enumeração $(x_n)_{n \in N}$ de X tal que $x_0 = p$. Pomos $V_1 = X - \{x_1\}$, $V_2 = X - \{x_1, x_2\}, \dots, V_n = X - \{x_1, x_2, \dots x_n\}$. $S(p) = \{V_n \mid n \in N^*\}$ será um sistema fundamental de vizinhanças enumerável de p. É interes-

INTRODUÇÃO À TOPOLOGIA **73**

sante observar que $V_1 \supset V_2 \supset \ldots \supset V_n \ldots$ semelhante ao que ocorreu com as bolas ou os discos de raio $1/n$. Suponhamos agora que X não seja enumerável e suponhamos ainda que $T(p) = \{W_n \mid n \in N^*\}$ seja um s.f.v. enumerável de um de seus pontos. Para cada W_n temos que $F_n = X - W_n$ é um conjunto finito. Portanto, $F = \cup\, F_n$ é enumerável. Logo, $Y = X - (F \cup \{p\})$ é infinito. Seja $y \in Y$, então $X - \{y\}$ é uma vizinhança de p que *não* contém nenhuma das vizinhanças W_n.

Lema 3.3: Seja $S(p) = \{V_n\}_{n \in N}$ um s.f.v. enumerável de p. Então podemos construir outro s.f.v. enumerável $T(p) = \{W_n\}_{n \in N}$ de p, tal que $W_1 \supset W_2 \supset \ldots \supset W_n \ldots$.

Demonstração: Vamos pôr $W_1 = V_1$, $W_2 = W_1 \cap V_2$ e supondo construído W_{n-1}, $W_n = W_{n-1} \cap V_n$. Observamos: i) cada W_n é uma vizinhança de p; ii) $W_1 \supset W_2 \supset \ldots \supset W_n \ldots$ e iii) $W_n \subset V_n$. Seja agora U uma vizinhança qualquer de p, então existe V_n tal que $U \supset V_n \supset W_n$, o que conclui a demonstração.

Definição 3.5: Seja (X, τ) um espaço topológico. Seja $\beta \subset \tau$ um conjunto de abertos. Dizemos que β é uma base para a topologia τ se todo aberto $O \in \tau$ for reunião de uma família de elementos de β.

O exemplo típico foi dado no **Ex.h** do item 2.1.1, em que afirmamos que um espaço métrico todo aberto é reunião de bolas abertas. (Novamente $\varnothing$ é considerado como reunião da família vazia.)

•**Ex.f1**: Sejam (X_1, τ_1) e (X_2, τ_2) dois espaços topológicos. Seja $\gamma = \{O_1 \times O_2 \mid O_1 \in \tau_1 \text{ e } O_2 \in \tau_2\}$ que será a base de uma topologia τ em $X_1 \times X_2$ chamada *topologia produto* das topologias τ_1 e τ_2.

f2: Se β_1 for base de τ_1 e se β_2 for base de τ_2, então $\beta = \{O_1 \times O_2 \mid O_1 \in \beta_1 \text{ e } O_2 \in \beta_2\}$ será outra base de τ.

f3: Seja $a_2 \in X_2$, Mostre que o subespaço $X_1 \times \{a_2\}$ de $X_1 \times X_2$ é homeomorfo a X_1.

f4: Mostre que as projeções $pr_i : X_1 \times X_2 \to X_i$ são contínuas.

f5: Generalize esses fatos para um número finito qualquer de fatores.

Lema 3.4: Condição necessária e suficiente para que $\beta \subset \tau$ seja base de τ é que, dados $x \in O \in \tau$, exista $B \in \beta$ com $x \in B \subset O$.

Demonstração: Se β for base, O será reunião de elementos de β, um dos quais deverá conter x. Reciprocamente se a condição for

74 GILBERTO FRANCISCO LOIBEL

satisfeita, para cada $x \in O$ existirá $B_x \in \beta$ e $x \in B_x \subset O$ e temos $O = \cup B_x$.

A existência de bases com "poucos" elementos permite em muitos casos obter resultados interessantes ou simplificar demonstrações. Isso sugere o segundo axioma da enumerabilidade.

Segundo axioma de enumerabilidade: Dizemos que um espaço satisfaz o segundo axioma de enumerabilidade ou E_2 se sua topologia admite uma base enumerável.

•Ex.g1: Mostre que o conjunto $\Im$ dos intervalos abertos de extremos racionais forma uma base enumerável para a topologia habitual de $\Re$.

g2: Para obter uma base enumerável para topologia habitual[14] de $\Re^2$, basta usar o conjunto $\Im_2$ dos produtos de dois elementos de $\Im$. Defina analogamente a base $\Im_n$ para $\Re^n$.

g3: Mostre que o conjunto $J_n = \{B'(a,q) \mid a \in Q^n, q \in Q, q > 0\}$ é uma outra base enumerável de $\Re^n$.

•Ex.h: Mostre que o espaço $(\Re, \sigma)$ (ver Ex.b do item 2.3.1) satisfaz o axioma E_2.

•Ex.i1: Um espaço discreto satisfaz E_2 se, e somente se, for enumerável.

i2: O mesmo ocorre com um espaço com a topologia dos complementos dos finitos (ver Ex.h: do item 2.3.1).

•Ex.j: Seja D um espaço discreto. Mostre que $D \times \Re$ com a topologia induzida pela métrica d''' satisfaz E_2 se, e somente se, D for enumerável. Isso mostra que um espaço pode ser E_1 sem ser E_2.

•Ex.k: Mostre que todo subespaço de um espaço E_2 é também um espaço E_2.

•Ex.l: O Ex.f mostra que o produto de dois espaços satisfaz o axioma E_2 se, e somente se, ambos satisfizerem esse axioma.

Enunciamos ainda o seguinte:

Lema 3.5: Todo espaço E_2 também é E_1.

---

14 A topologia *habitual* de R^n é aquela obtida de qualquer uma das métricas d', d'' ou d'''.

Demonstração: Seja β uma base enumerável do espaço e x um ponto. $S(x) = \{B \in \beta \mid x \in B\}$ é enumerável como subconjunto de β. $S(x)$ é um s.f.v. de x, pois todo aberto que contém x é reunião de elementos de β dos quais um contém x.

Seja β uma base enumerável de um espaço X. Escolhendo em cada aberto não vazio de β um ponto, obtemos um subconjunto A de X que é enumerável e denso em X. Isso mostra que todo espaço E_2 é um espaço separável de acordo com a Definição 3.6.

Definição 3.6: Um espaço *separável* é um espaço que contém um subconjunto denso enumerável.[15]

A noção de limite de sequências do cálculo pode ser estendida para espaços topológicos quaisquer, mas ela é particularmente útil naqueles que satisfazem o axioma E_1 como veremos a seguir.

Definição 3.7: Dizemos que a sequência $a = (a_n)_{n \in N}$ de E *converge* ou *tende* para um elemento $b \in E$, se, dada uma vizinhança V qualquer de b, existir um $n' \in N$, tal que para todo $n > n'$ tenhamos $a_n \in V$. Indicamos esse fato com $a_n \to b$ ou $\lim_{n \to \infty} a_n = b$ e dizemos que b é um limite da sequência $\underline{a}$. Uma sequência que não converge é dita *divergente*. Uma subsequência $a = (a_n)_{n \in J}$ converge para b se, dada uma vizinhança V qualquer de b, existir um $n' \in N$, tal que para todo $n > n'$, $n \in J$, tenhamos $a_n \in V$.

Vemos imediatamente que, se $a_n \to b$, então toda subsequência também converge para b.

•Ex.m1: Seja $X = N \cup \{\infty\}$ com a topologia do **Ex.i** do item 2.3.1 e seja $a = (a_n)_{n \in N}$ uma sequência de elementos de um espaço E. $a_n \to b \in E$ se, e somente se, a função $\alpha : X \to E$, dada por $\alpha(n) = a_n$ se $n \in N$ e $\alpha(\infty) = b$ for contínua.

m2: Segue imediatamente que, se E for um espaço de Hausdorff, uma sequência terá no máximo um limite.

m3: Mostre que um espaço E_1 no qual todas sequências convergentes têm um único limite satisfaz o axioma T_2.

---

15 Exemplo de espaço separável que não é E_1 encontra-se, por exemplo, em Loibel G. F. *Notas de topologia geral*. p.88.

76 GILBERTO FRANCISCO LOIBEL

•Ex.n: Mostre que uma sequência $a = (a_n)_{n \in N}$ de pontos de um espaço métrico converge para um ponto b se, e somente se, a sequência de números reais $(d(b, a_n))_n$ convergir para 0.

Lema 3.6: Seja A um subconjunto de um espaço E e seja $a = (a_n)_{n \in N}$ uma sequência de pontos de A. Se $a_n \to b \in E$, então $b \in \overline{A}$. Se E for um espaço E_1, todo ponto $b \in \overline{A}$ é limite de uma sequência de pontos de A.

Demonstração: Basta estudar os pontos $b \notin A$. Nesse caso, toda vizinhança de b contém elementos de A, pois $\underline{a}$ converge para b. Seja agora b um ponto de acumulação de A contido no espaço E que satisfaz o axioma E_1. Seja $S(b) = \{W_n\}_{n \in N}$ um s.f.v. enumerável de b satisfazendo $W_1 \supset W_2 \supset \ldots \supset W_n \ldots$, temos $A \cap W_n \neq \varnothing$. Escolhendo $a_n \in A \cap W_n$, obtemos a sequência procurada. Realmente, dada uma vizinhança V qualquer de b, existe n' tal que $W_{n'} \subset V$ e todos os a_n com $n > n'$ pertencerão a V.

Corolário 3.7: Um subconjunto A de um espaço E que satisfaz o axioma E_1 é fechado se, e somente se, o limite de toda sequência de elementos de A convergente em E pertencer a A.

Como os abertos e, portanto, todos os outros conceitos topológicos podem ser dados em termos dos fechados de um espaço, todos esses conceitos podem ser caracterizados em termos de limites de sequências nos espaços E_1. Isso ocorre em particular nos espaços metrizáveis.[16]

Proposição 3.8: Seja $f : X \to Y$ uma função. Se f for contínua em um ponto b de X e $a = (a_n)_n$ convergir para b, então a sequência $(f(a_n))_n$ converge para f(b).

Demonstração: Seja V uma vizinhança de f(b), como f é contínua em b, existe vizinhança W de b tal que $f(W) \subset V$. Como a sequência $\underline{a}$ converge para b, existe n' tal que $n > n'$ implica que $a_n \in W$ e, portanto, $f(a_n) \in V$, ou seja, $f(a_n) \to f(b)$.

Proposição 3.9: Seja $f : X \to Y$ uma função. Se X satisfizer ao axioma E_1 e toda sequência que converge para b for transformada

---

16 Ver, por exemplo, Lima, E. L. *Análise no espaço* $\mathfrak{R}^n$. p.113-5 e 123-6.

INTRODUÇÃO À TOPOLOGIA 77

em uma sequência convergente para $f(b)$, então f é contínua no ponto b.

Demonstração: Seja $S(b) = \{W_n\}_{n \in \mathbb{N}}$ um s.f.v. enumerável de b satisfazendo $W_1 \supset W_2 \supset \ldots \supset W_n \ldots$ Suponhamos que f não seja contínua no ponto b. Então dada uma vizinhança V de $f(b)$, qualquer que seja $n \in \mathbb{N}$, temos que $f(W_n)$ não está contido em V. Podemos, portanto, escolher um ponto a_n em W_n tal que $f(a_n) \notin V$. Temos que a sequência $(a_n)_n$ converge para b, mas sua imagem não converge para $f(b)$, o que contraria nossas hipóteses.

3
CONEXÃO E COMPACIDADE

3.1 Conexão

Talvez as percepções matemáticas mais primitivas refiram-se à distinção entre "unidade" e "multiplicidade", isto é, ao fato de existirem coleções de objetos, ou seja, nem tudo no mundo é um só bloco, mas há divisão em pedaços. Esse fato está na raiz do ato de contar. Muitas vezes, cada uma das partes de uma coleção apresenta--se destacada das outras. Veremos a seguir como formular isso em aspectos topológicos.

3.1.1 Definições básicas

Em alguns dos espaços estudados, encontramos partes que se acham separadas de outras. Podemos perguntar como caracterizar esse fato. O exemplo mais marcante é o caso dos espaços discretos, em que todos os pontos são isolados. Isso pode ser descrito dizendo que todos os conjuntos unitários são abertos e, portanto, fechados. Se retirarmos de $\Re$ a origem 0, $\Re^* = \Re - \{0\}$ se decompõe em duas semirretas, as quais são tanto abertas como

80 GILBERTO FRANCISCO LOIBEL

fechadas no subespaço $\mathfrak{R}^*$ de $\mathfrak{R}$.[1] Esses e outros exemplos levaram à Definição 1.1.

Definição 1.1: Um espaço topológico (X,τ) é dito *conexo* se seus únicos subconjuntos simultaneamente abertos e fechados são X e $\varnothing$. Um subconjunto de um espaço topológico será conexo se ele for conexo com a topologia induzida. Um espaço que não é conexo é dito *desconexo*.

Outras formulações dessa definição são: "Um espaço topológico é conexo se sempre que O e Ω são abertos não vazios e tais que $O \cup \Omega = X$, então $O \cap \Omega \neq \varnothing$" ou "Um espaço topológico é conexo se sempre que O e Ω são abertos tais que $O \cup \Omega = X$ e $O \cap \Omega = \varnothing$, então um dos dois é necessariamente vazio". O leitor poderá encontrar ainda outras formas.

• **Ex.a1**: Um conjunto infinito com a topologia dos complementos dos finitos é conexo. Como essa topologia induz a mesma topologia em qualquer subconjunto infinito, estes serão também conexos.

a2: Como serão os subespaços finitos?

• **Ex.b1**: O conjunto $X = \{a,b\}$ com a topologia $\tau = \{\varnothing,\{a\},X\}$ é conexo.

b2: Já o conjunto $\{a,b,c,d\}$ com a topologia $\sigma = \{\varnothing, \{a,b\},\{c,d\},Y\}$ é desconexo.

• **Ex.c**: O espaço Q é desconexo, pois para qualquer número irracional r o conjunto $O = \{q \in Q \mid q < r\}$ é aberto e fechado em Q.

3.1.2 Propriedades fundamentais

Proposição 1.1: Seja $f : X \to Y$ uma função contínua. Se X for conexo, também $f(X)$ será conexo. Em particular se um de dois espaços homeomorfos for conexo, o outro também será.

Demonstração: Sem perda de generalidade, podemos supor que $f(X) = Y$. Suponhamos por absurdo que Y não seja conexo, então existirá $B \subset Y$ tal que $\varnothing \neq B \neq Y$, simultaneamente aberto e fechado.

---

1 Mais adiante, mostraremos que em R os únicos subconjuntos ao mesmo tempo abertos e fechados são $\mathfrak{R}$ e $\varnothing$.

INTRODUÇÃO À TOPOLOGIA 81

Como f é contínua e sobrejetora, então $f^{-1}(B)$ também seria aberto e fechado, e $\varnothing \neq f^{-1}(B) \neq X$, portanto X não seria conexo, o que contraria a nossa hipótese. A segunda parte é trivial.

Corolário 1.2: Se f for uma função contínua de um espaço conexo em um espaço discreto, então f é constante.

Demonstração: Basta observar que os únicos subconjuntos conexos de um espaço discreto são os conjuntos unitários.

Vale ainda a recíproca deste corolário:

Lema 1.3: Se todas as aplicações contínuas de um espaço X em um espaço discreto D com dois (ou mais) pontos forem constantes, então X é conexo.

Demonstração: Se X for desconexo, existem dois abertos O e Ω, disjuntos e não vazios, cuja reunião é X. Sejam $a, b \in D$, $a \neq b$. A função $f : X \to D$ dada por $f(x) = a$ se $x \in O$ e $f(x) = b$ se $x \in \Omega$ é contínua e não é constante.

Proposição 1.4: Seja $X = \bigcup_{i \in I} A_i$ tal que cada A_i é conexo e $A_i \cap A_j \neq \varnothing$ $i, j \in I$, então X é conexo.

Demonstração: Seja $f : X \to \{a, b\}$ uma função contínua ($\{a, b\}$ com a topologia discreta). Pelo Corolário 1.2, $f \mid A_i$ é constante para todo i, mas, como $A_i \cap A_j \neq \varnothing$, $f \mid A_i$ e $f \mid A_j$ tomam o mesmo valor e, portanto, f é constante. Pelo Lema 1.3, X é conexo.

Proposição 1.5: Seja A um subconjunto conexo de um espaço X. Se $A \subset B \subset \overline{A}$, então B é conexo.

Demonstração: Seja $f : B \to D$ uma aplicação contínua com valores no espaço discreto D. Pelo Corolário 1.2, $f \mid A$ é constante, e pelo **Ex.e** do item 2.3.2 f ainda é constante. Segue então pelo Lema 1.3 que B é conexo.

Lema 1.6: O produto $X = X_1 \times X_2$ de dois espaços é conexo se, e somente se, cada um dos fatores for conexo.

Demonstração: Como as projeções pr_i são contínuas (ver **Ex.f** do item 2.3.3) e sobrejetoras, resulta que os fatores são conexos.[2]

---

2 Outra forma de demonstrar a segunda parte do Lema 1.6 é: suponha agora que os espaços X_i sejam conexos. Fixe um ponto a em X_1 e considere os conjuntos

82 GILBERTO FRANCISCO LOIBEL

Suponha agora que os espaços X_1 sejam conexos. Seja $f : X \to \{a,b\}$ uma função contínua e sejam (x_1, x_2) e (y_1, y_2) dois pontos quaisquer de X. Como $\{x_1\} \times X_2$ é homeomorfo a X_2, a restrição de f a esse subespaço é constante e analogamente $f \mid X_1 \times \{y_2\}$ é constante. Disso segue que $f(x_1, x_2) = f(x_1, y_2) = f(y_1, y_2)$. Isso mostra que f é constante, ou seja, X é conexo.

Demonstraremos em seguida um resultado importantíssimo em razão de suas inúmeras aplicações.

Lema 1.7: Os intervalos fechados de $\Re$ são conexos.

Demonstração: Como todos intervalos fechados são homeomorfos, basta considerar o intervalo $[0,1]$. Suponhamos, por absurdo, que exista $f : [0,1] \to \{a,b\}$ uma aplicação contínua não constante. Suponhamos que $f(0) = a$. Como $f^{-1}(a) = f^{-1}(\{a\})$ é aberto, existe $s > 0$ tal que $[0,s) \subset f^{-1}(a)$. Seja $c = \inf f^{-1}(b)$. Temos $c > 0$. Como $f^{-1}(b)$ é fechado $c \in f^{-1}(b)$. Mas $[0,c) \subset f^{-1}(a)$ e sendo este último conjunto fechado, temos que c também pertence a $f^{-1}(a)$, o que é absurdo.

•**Ex.a1**: $\Re$ é conexo: basta ver que $\Re = \cup\, [-n,n]\; n = 1,2, \ldots$ e aplicar a Proposição 1.4.

•**a2**: Exprima de forma similar os intervalos abertos ou semiabertos como reuniões de intervalos fechados com um ponto em comum.

a3: Faça o mesmo para as semirretas.

•**Ex.b1**: Seja V um espaço vetorial normado real. Dados dois elementos a e b de V, obtemos o segmento que os une como $ab = \{(1-t)\,a + t\,b \mid t \in [0,1]\}$. ab é conexo como imagem contínua de $[0,1]$. No caso em que $V = \Re$, ab é simplesmente o intervalo $[a,b]$.

b2: Um subconjunto A de V é dito convexo se, sempre que $a,b \in A$, tivermos $ab \subset A$. Mostre que $\varnothing$, V e todo subespaço vetorial de V são convexos.

b3: Se $V = \Re^2$, temos que os triângulos e os círculos são convexos.

$A_b = X_1 \times \{b\} \cup \{a\} \times X_2$, cada um dos quais é conexo como reunião de dois conexos com o ponto (a,b) em comum. A família $(A_b)_{b \in X_2}$ satisfaz as condições da Proposição 1.4, e sua reunião $X_1 \times X_2$ é, portanto, conexa.

INTRODUÇÃO À TOPOLOGIA 83

b4: Mostre que os únicos subconjuntos convexos de $\Re$ são $\varnothing$, $\Re$, os conjuntos unitários, os intervalos e as semirretas.

b5: Mostre que todo conjunto convexo é conexo. Mostre que em $\Re$ vale a recíproca.

•Ex.c: Um subconjunto E de um espaço vetorial normado é chamado de *estrelado* se existir c $\in$ E, tal que todos os segmentos que unem c aos outros pontos de E estejam contidos em E. Mostre que todo conjunto estrelado é conexo.

•Ex.d: Verifique quais dos seguintes subconjuntos de $\Re^n$ (com a topologia habitual) são conexos: $\Re^n$ - {O}, $\Re^n$ - F onde F é finito ou enumerável, B'(O,r), S''(O,r), $\{(x_1,x_2,\ldots,x_n \mid x_n \neq 0\}$ e $\{(x_1,x_2,\ldots,x_n \mid x_1 x_{2\ldots} x_n \neq 0\}$.

•Ex.e: Identifique o conjunto das matrizes reais 2 x 2 com o espaço $\Re^4$. Mostre que o conjunto das matrizes, cujo determinante é diferente de zero, não é conexo. (Sugestão: utilize a função determinante: det : $\Re^4 \to \Re$.)

Proposição 1.8: Seja f : X $\to$ Y uma aplicação contínua de um espaço conexo X em um espaço qualquer. Seja A um subconjunto de Y. Se f(X) encontrar tanto A como seu complementar, então f(X) encontrará também Fr(A).

Demonstração: Com efeito, seja B o complementar de A. Lembrando que $\{A^0, B^0, Fr(A)\}$ é uma partição de Y, temos que $f^{-1}(A^O)$ e $f^{-1}(B^O)$ serão dois abertos, disjuntos cuja reunião não pode dar todo espaço X que é conexo. Portanto, $f^{-1}(Fr(A)) \neq \varnothing$.

Esse resultado se aplica muitas vezes no caso em que Y = $\Re$ e A = (-∞, a), ou seja: "quando f assume valores menores e maiores do que $\underline{a}$ então existe x $\in$ X tal que f(x) = a." Esse resultado generaliza, portanto, o teorema do anulamento ou do valor intermediário do cálculo. Obtemos outro caso particular quando f é a inclusão de um subconjunto X em Y: "um subconjunto conexo X de um espaço topológico Y que encontra outro subconjunto A, assim como o complementar de A também encontra a fronteira de A. Este resultado às vezes é chamado de 'Teorema da Alfândega'".

84 GILBERTO FRANCISCO LOIBEL

3.1.3 Componentes conexas

Em qualquer espaço topológico X, podemos considerar a seguinte relação: a ≈ b se, e somente se, existir um subconjunto conexo C de X que contenha a e b. Esta é uma relação de equivalência: é imediato que i) a ≈ a e ii) a ≈ b implicam b ≈ a; para mostrar que iii) a ≈ b e b ≈ c implicam a ≈ c, basta observar que, se C é conexo contendo a e b e se D é conexo contendo b e c, então pela Proposição 1.4 $C \cup D$ é conexo e contém a e c.

Definição 1.2: As classes de equivalência da relação ≈ são chamadas de componentes conexas de X. A componente conexa de x será indicada com C_x.

•Ex.a1: Mostre que C_x é o maior subconjunto conexo de X que contém o ponto x.

a2: Use a Proposição 1.5 para mostrar que C_x é fechado.

a3: Se um espaço tiver um número finito de componentes conexas, estas serão abertas.

•Ex.b: Quantas componentes conexas tem o espaço das matrizes 2 x 2 de determinante diferente de zero? (Ver Ex.e do item 3.1.2).

•Ex.c: Quantas componentes conexas tem uma elipse? Uma parábola? Uma hipérbole?

•Ex.d: Quais são as componentes conexas dos seguintes subespaços de $\Re$: $\Re$ - {0}, Q, Z?

Lembremos que, se h : X → Y for um homeomorfismo e se A ⊂ X, então A e B = f(A) são homeomorfos e também X - A e Y - B são homeomorfos (ver **Ex.m** do item 2.2.5). Em particular, X - A e Y - B devem ter o mesmo número de componentes conexas. Aproveitando esse fato podemos retomar o **Ex.n** do item 2.2.5. Assim, por exemplo, podemos ver que os espaços representados por I e X não podem ser homeomorfos, pois no segundo espaço existe um ponto que, retirado deste, deixa um resto com 4 componentes conexas; já no primeiro, um ponto qualquer somente pode decompor o espaço em duas componentes. Complete o referido exercício retirando um ou mais pontos dos espaços citados.

INTRODUÇÃO À TOPOLOGIA 85

•**Ex.e**: Utilize raciocínio semelhante para mostrar que $\Re$ não é homeomorfo a uma circunferência, que o plano (ou uma esfera) não é homeomorfo à reta ou a uma circunferência.

3.1.4 Conexão por caminhos

Usamos no item 1.1.4 o termo "caminho" para designar funções contínuas definidas no intervalo fechado $[0,1]$, com valores em um espaço métrico. É claro como se generaliza essa noção para espaços topológicos quaisquer.

Definição 1.3: Seja $\lambda : [0,1] \to X$ um caminho no espaço topológico X. O *caminho inverso* de λ, $\mu = \lambda^{-1} : [0,1] \to X$ é definido por $\mu(t) = \lambda(1-t)$.

Vemos imediatamente que μ é contínuo como função composta de λ e da função $\sigma(t) = 1-t$ de $[0,1]$ sobre si mesmo.

Definição 1.4: Sejam λ, $\mu : [0,1] \to X$ caminhos no espaço topológico X, com $\lambda(1) = \mu(0)$. O *caminho composto*[3] de λ e μ, $\rho = \lambda \circ \mu : [0,1] \to X$, é dado por:

$$\rho(t) = \lambda(2t) \quad \text{se } 0 < t < \frac{1}{2}$$
$$\mu(2t-1) \quad \text{se } \frac{1}{2} < y < 1.$$

A continuidade de ρ segue facilmente da Proposição 2.9 do item 2.2.3.

Definição 1.5: Um espaço, no qual dois quaisquer de seus elementos podem ser unidos por um caminho, é chamado *espaço conexo por caminhos (c.p.c)*.

Lema 1.9: Todo espaço c.p.c. é conexo.

Demonstração: Basta usar i) que o intervalo $[0,1]$ é conexo, ii) que a imagem contínua de um conexo é conexa e iii) a Proposição 1.4.

•**Ex.a**: Quais dos seguintes subconjuntos de $\Re$ são c.p.c.: $\Re$, Q, Z, (a,b), $[a,\infty)$?

---

3 Não devemos confundir essa noção com a de função composta, apesar de usar a mesma notação.

86 GILBERTO FRANCISCO LOIBEL

•**Ex.b**: Quais dos seguintes subconjuntos de $\mathfrak{R}^n$ são c.p.c.: as poligonais, $B'''(x,r)$, $S'(x,r)$, $D''(x,r)$, $\mathfrak{R}^n - Q^n$, as elipses, as parábolas e as hipérboles do $\mathfrak{R}^2$?

Definição 1.6: Seja X um espaço topológico e $x \in X$. A *componente conexa por caminhos* K_x de x é o conjunto de todos os pontos de X que podem ser unidos a x por caminhos.

É claro que um espaço é c.p.c. se e somente se possuir uma única componente c.p.c. É fácil mostrar que cada K_x é conexo e, portanto, $K_x \subset C_x$. As componentes c.p.c. fornecem uma partição de X, que subdivide a partição dada pelas componentes conexas. Em muitos dos exemplos, temos $K_x = C_x$.

•**Ex.c**: Todo subconjunto O aberto e conexo do $\mathfrak{R}^n$ é c.p.c. Com efeito, sejam $x,y \in O$ e suponhamos que y pertença à componente c.p.c. de x em O. Como O é aberto, existe $r > 0$ tal que $B(y,r) \subset O$. Mas todos os pontos de $B(y,r)$ podem ser ligados a y por um raio. Portanto, todos os pontos de $B(y,r)$ podem ser ligados por um caminho a x. Disso segue que K_x é aberto. Logo, as componentes c.p.c. de O são abertas e disjuntas. Se O tivesse mais do que uma componente c.p.c., não poderia ser conexo.

A recíproca do Lema 1.9 não é verdadeira como mostra o **Ex.d**.

•**Ex.d$^{\#}$**: Considere em $\mathfrak{R}^2$ os subconjuntos

$$A = (\{0\} \cup \{1/n \mid n \in N^*\}) \times [0,1], \quad B = \bigcup_{n=1}^{\infty}[1/(2n),1/2n-1] \times \{0\} \text{ e}$$

$$C = \bigcup_{n=1}^{\infty}[1/(2n+1),1/2n] \times \{1\}. \text{ O conjunto } L = A \cup B \cup C \text{ é conexo,}$$

porém não é conexo por caminhos. Observamos em primeiro lugar que os subconjuntos $U = \{0\} \times [0,1]$ e $V = \{(x,y) \in L \mid 0 < x\}$ satisfazem i) $U \cap V = \varnothing$, $U \cup V = L$, U e V são c.p.c. U é um segmento e, dados dois pontos de V, podemos ligá-los por uma poligonal (formada de segmentos horizontais e verticais). Como todos os pontos de U são aderentes ao conjunto conexo V, temos que $L = U \cup V$ também é conexo. A pergunta é, portanto, se L é c.p.c. ou se U e V são suas componentes c.p.c. Basta mostrar que nenhum ponto de U pode ser ligado por um caminho a um ponto de V. Suponhamos então que exista um caminho $\lambda : [0,1] \to L$ tal que $\lambda(0) = (0,u_2) =$

INTRODUÇÃO À TOPOLOGIA **87**

$u \in U$ e $\lambda(1) = (1,0) \in V$. Temos $\lambda(t) = (\lambda_1(t), \lambda_2(t))$. Pela continuidade de λ_1 segue-se que $\lambda_1^{-1}(0)$ é fechado. Logo, $m = \sup \lambda_1^{-1}(0) \in \lambda_1^{-1}(1)$, ou seja, e $\lambda(m) \in U$ e $\lambda(t) \in V$ se $t > m$. Isso mostra que podemos supor que $\lambda(t) \in V$ para $t > 0$. Assim, usando a Proposição 1.8, podemos concluir que para qualquer $s > 0$ existe $r > 0$, tal que $\lambda_1(t)$ assume todos os valores de $[0,r]$ quando t percorre $[0,s]$. Suponhamos agora que $\lambda_2(0) = b < 1$. No intervalo $[0,r]$ existem infinitos valores entre $1/(2n+1)$ e $1/2n$ para algum $n \in N^*$. Portanto, no intervalo $[0,s]$ existem infinitos valores de t para os quais vale $1/(2n+1) < \lambda_1(t) < 1/2n$. Para esses mesmos valores, devemos ter $\lambda_2(t) = 1$ para que o ponto $\lambda(t)$ pertença a V. Mas isso impede $\lambda_2(t)$ a tender a $b < 1$ quando t tende a 0. Se $b = 1$, usamos os pontos t para os quais $1/2n < \lambda_1(t) < 1/(2n-1)$ e, portanto, $\lambda_2(t) = 0$.

3.2 Compacidade

3.2.1 Definições básicas

Seja $f : X \longrightarrow \Re$ uma função contínua e positiva. Para muitos propósitos,[4] não é suficiente saber somente que para todo x em X vale $f(x) > 0$, mas que existe um $c > 0$ tal que $f(x) > c$, ; $x \in X$. Podemos conseguir essa informação "localmente" usando a continuidade: para um dado $x_i \in X$, fazemos $c_i = f(x_i)/2 > 0$. Então existe um aberto $O_i \subset X$ tal que ; $x \in O_i$ temos $|f(x) - f(x_i)| < c_i$, o que garante que $f(x) > c_i$. Podemos repetir esse procedimento para todos os pontos de X obtendo um recobrimento aberto de X, tal que em cada um dos abertos a função f se mantém acima de um número positivo c_i. O problema é que os números c_i assim obtidos vão ser distintos e nada nos garante que um deles seja o menor de todos ou mesmo que exista um extremo inferior positivo para servir como o c procurado. Em geral, isso efetivamente não ocorre. Se por alguma razão tivéssemos

---

4   Tanto na Matemática como em outras ciências ou na tecnologia.

88 GILBERTO FRANCISCO LOIBEL

a informação que um número finito do aberto O_i recobre todo X, poderíamos escolher o menor dos c_i correspondentes, para ser o c procurado. Muitos outros problemas envolvem situações semelhantes, ou seja, temos informações válidas em abertos que recobrem um espaço, mas como esses abertos são infinitos não podemos chegar a uma conclusão global. Mas, se fosse possível escolher um número finito desses abertos que ainda recobrem o espaço, toda a conclusão seria fácil. Estudaremos agora espaços onde isso ocorre.

Definição 1.1: Seja X um conjunto e A $\subset$ X um subconjunto. Seja $\rho = (W_i)_{i \in I}$ um recobrimento de A. Seja J $\subset$ I. A família $\sigma = (W_i)_{i \in J}$ será um *sub-recobrimento* de ρ, se σ ainda for um recobrimento de A. Se J for finito, dizemos que σ é um *sub-recobrimento finito* de ρ.

Definição 1.2: Dizemos que um subconjunto K de um espaço topológico X é *compacto* se todo recobrimento aberto de K admite um sub-recobrimento finito.[5]

Um resultado clássico, o teorema de Borel-Lebesgue diz que todo intervalo fechado é compacto. Apresentaremos a demonstração de uma generalização desse resultado que tem inúmeras aplicações em toda Matemática.

Teorema 1.1 (Borel-Lebesgue): Todo subconjunto fechado e limitado K do $\Re^n$ é compacto.

Demonstração: Devemos mostrar que todo recobrimento aberto $\rho = (O_i)_{i \in I}$ de K admite um sub-recobrimento finito. Vamos para simplificar supor que K $\subset \Re^2$. Suponhamos por absurdo que não exista nenhum sub-recobrimento finito de ρ. Sendo K limitado, existe um retângulo $V_1 = [a_1, b_1] \times [c_1, d_1]$ tal que K$\subset$V. Vamos dividir V

---

5 Existe divergência da terminologia na literatura. Alguns autores, como Elon L. Lima (*Elementos de topologia geral*), E. Kelley (*General topology*) e Seymour Lipschitz (*Topologia geral*), usam o termo compacto no mesmo sentido como usamos aqui. Outros autores como N. Boubaki (*Topologie général*) e J. Dugundji (*Topology*), exigem ainda que o espaço seja de Haudorff. Antigamente, muitos autores chamavam de bicompactos os espaços compactos e de Haudorff. Recomendamos cuidado na leitura principalmente de artigos, pois a presença ou não do axioma T_2 altera significativamente os resultados.

INTRODUÇÃO À TOPOLOGIA **89**

em quatro retângulos iguais por dois segmentos paralelos aos eixos. Pelo menos para um desses retângulos, a parte de K contida nele exige infinitos O_i. Seja $V_2 = [a_2, b_2] \times [c_2, d_2]$ um destes sub-retângulos, nestas condições. Pela construção, temos $(b_2 - a_2) = \frac{1}{2}(b_1 - a_1)$ e $(d_2 - c_2) = \frac{1}{2}(d_1 - c_1)$. Subdividindo novamente V_2, podemos obter um retângulo V_3, que contém uma parte de K que exige infinitos O_i para ser recoberto e cujos lados medem $\frac{1}{2}$ dos lados de V_2. Prosseguindo dessa forma, construímos duas sequências de intervalos encaixantes $([a_n, b_n])_{n \in N}$ e $([c_n, d_n])_{n \in N}$. Definimos assim um par de números reais $p = (p_1, p_2)$ que necessariamente é um ponto de acumulação de K e, portanto, pertence a K, pois K é fechado. Logo, existe um dos abertos O_i que contém o ponto p. Ora p pertence a todos os retângulos V_n, e a sequência dos diâmetros destes tende a zero. Portanto, existe um certo índice a partir do qual todos os V_n estão contidos em O_i. Isso contradiz a hipótese de que a porção de K contida em V_n exige infinitos elementos do recobrimento para ser recoberta.

•**Ex.a**: Esse teorema não pode ser generalizado a espaços métricos quaisquer como mostra o caso de um espaço infinito M com a métrica discreta. Realmente $(\{x\})_{x \in M}$ é um recobrimento aberto que não admite sub-recobrimento finito. Portanto, M não é compacto, mas é fechado e limitado.

A recíproca do Teorema 1.1, no entanto, é verdadeira, isto é, todo conjunto compacto de $\Re^n$ é fechado e limitado. Esse resultado pode ser generalizado como veremos no item seguinte.

3.2.2 Resultados básicos

Proposição 2.2. Todo compacto K de um espaço métrico é limitado.

Demonstração: Consideremos o recobrimento aberto $(B(x,1))_{x \in K}$ de K. Este possui um sub-recobrimento finito, ou seja, K pode ser recoberto por um número finito de bolas de raio igual a 1. Como o conjunto dos centros dessas bolas é finito e, portanto, tem diâmetro finito Δ, vemos que K terá diâmetro no máximo $\Delta + 2$.

90 GILBERTO FRANCISCO LOIBEL

Essa proposição somente faz sentido em espaços métricos.

Proposição 2.3: Todo subconjunto compacto K de um espaço de Hausdorff X é fechado.

Demonstração: Seja $\underline{a}$ um ponto de X e a $\notin$ K. Como X é de Hausdorff, podemos encontrar para cada k $\in$ K dois abertos O_k e Ω_k, o primeiro contendo k e o outro contendo a e tais que $O_k \cap \Omega_k = \varnothing$. $(O_k)_{k \in K}$ é um recobrimento aberto de K e admite, portanto, um sub-recobrimento finito $(O_k)_{k \in J}$. A interseção dos Ω_k correspondentes, $\bigcap_{k \in J} \Omega_k$, é um aberto que não contém pontos de K. Portanto $\underline{a}$ não é ponto de acumulação de K, e K é fechado.

•Ex.a: Em espaços que não são de Hausdorff, podemos encontrar subconjuntos compactos que não são fechados. Considere o espaço das semirretas abertas em $\mathfrak{R}$ (ver Ex.b do item 2.3.1) e seja K = [a,∞). K é compacto, pois em qualquer recobrimento aberto de K podemos escolher um elemento que contém K. Por sua vez, K não é fechado, pois seu complementar não é da forma (b,∞).

•Ex.b: Mostre que num conjunto Y infinito com a topologia dos complementos dos finitos todos os subconjuntos são compactos, mas nem todos são fechados.

Proposição 2.4: Todo subconjunto fechado F de um espaço compacto K é compacto.

Demonstração: Seja $(O_i)_{i \in I}$ um recobrimento aberto de F. Juntando a ele ainda o aberto O = C F, obtemos um recobrimento aberto de K, este admite um sub-recobrimento finito. Retirando deste último – se necessário – o conjunto O, obtemos um sub-recobrimento finito do recobrimento original de F.

Proposição 2.5: Seja f : K $\to$ X uma função contínua definida em um compacto K. Então, f(K) é compacto.

Demonstração: Seja $(O_i)_{i \in I}$ um recobrimento aberto de f(K). Então, $(f^{-1}(O_i))_{i \in I}$ é um recobrimento aberto de K que admite um sub-recobrimento finito $(f^{-1}(O_i))_{i \in J}$ e $(O_i)_{i \in J}$ será um sub-recobrimento finito de f(K).

Corolário 2.6: Seja f : K $\to$ X uma função contínua definida em um compacto K com valores em um espaço de Hausdorff, então a imagem de todo fechado de K é um fechado em X. Em particular se f for uma bijeção então será um homeomorfismo.

Demonstração: Seja F fechado em K. Pela Proposição 2.4, F é compacto. Pela Proposição 2.5, f(F) é compacto, e pela Proposição 2.3 f(F) é fechado. Para a segunda parte, basta observar que se f for uma bijeção que transforma fechados em fechados, sua inversa será contínua pelo Corolário 2.6 do item 2.2.2, generalizado para espaços topológicos.

A segunda parte do Corolário 2.6 é frequentemente usado para construir homeomorfismos.

3.2.3 Exemplos e aplicações

Corolário 2.7: Toda aplicação real contínua $f : K \to \Re$ definida em um compacto assume seu mínimo e seu máximo.

Demonstração: Pelo que vimos, $F(K)$ será um compacto e, portanto, um subconjunto limitado e fechado. Todo subconjunto fechado e limitado da reta contém seu extremo inferior e seu extremo superior que são, portanto, os valores mínimo e máximo de f.

Corolário 2.8: Se $f : K \to \Re$ for uma aplicação real contínua e positiva definida em um compacto, então existe c > 0 tal que $f(x)$ > c para todo x em K.

Demonstração: Deixamos a demonstração a cargo do leitor.

•Ex.a: Seja K um subconjunto compacto de um espaço métrico M e $\underline{a}$ um ponto de M, então existe $k \in K$ tal que $d(K,a) = d(k,a)$. Se L for um outro compacto de M, existem $k \in K$ e $\ell \in L$ tais que $d(K,L) = d(k,\ell)$.

•Ex.b: Um espaço topológico é dito normal se, dados dois fechados F_1 e F_2 disjuntos, é possível encontrar dois abertos O_1 e O_2 ainda disjuntos, o primeiro contendo F_1 e o segundo F_2. Utilize o **Ex.a** para mostrar que todo espaço métrico compacto é normal. Isso ainda vale para espaços compactos mais gerais?

•Ex.c: Mostre que todo subconjunto infinito de um espaço métrico compacto admite um ponto de acumulação. Esse resultado pode ser estendido para compactos mais gerais?

•Ex.d: Seja K um espaço compacto e conexo e seja $f : K \to \Re$ uma função contínua não constante. Mostre que $f(K)$ é um intervalo fechado.

•Ex.e: Mostre que nenhum dos seguintes subconjuntos de $\Re$ é homeomorfo ao intervalo $[0,1]$: $\Re$, $(0,1)$, $(0,1]$, $(0,\infty)$, Q.

•Ex.f: Construa um homeomorfismo entre um círculo (disco da métrica d' em) e um quadrado.

•Ex.g: Mostre que um círculo não pode ser homeomorfo ao plano $\Re^2$.

•Ex.h: Uma função $f : \Re \to X$ é dita periódica de período ω se qualquer que seja t valer $f(t + \omega) = f(t)$. Se X for um espaço métrico, então $f(\Re)$ é um conjunto compacto. Se $X = R$, então f admite mínimo e máximo.

4
ESPAÇOS MÉTRICOS COMPLETOS E CONTINUIDADE UNIFORME

Neste capítulo, trataremos de alguns tópicos em espaços métricos onde a topologia não é suficiente, mas necessitamos de algumas informações a respeito da própria métrica.

4.1 Espaços métricos completos

4.1.1 Sequências de Cauchy

Nos cursos de Cálculo, estudam-se diversos critérios de convergência de sequências e séries de números reais. O mais importante do ponto de vista teórico – por ser universal – é o Critério de Cauchy:

Proposição 1.1: Uma sequência $a = (a_n)_n$ de números reais converge se, e somente se, dado $\varepsilon > 0$, existir um $n' \in N$ tal que para todos $n, m > n'$ tenhamos $|a_n - a_m| < \varepsilon$.

Demonstração: Suponhamos que a sequência convirja para b. Então dado $\varepsilon > 0$, existe n' tal que para $n, m > n'$ vale $|b - a_n| < \varepsilon/2$ e $|b - a_m| < \varepsilon/2$ e, portanto, $|a_n - a_m| < \varepsilon$. Para obter a recíproca, pomos $A_i = \{a_n \mid i < n\}$. Temos i) $A_1 \supset A_2 \supset \ldots \supset A_i \ldots$; ii) os A_i são limitados, basta ver que um deles o é, pois os anteriores somente contêm um número finito de elementos a mais: dado um $\varepsilon > 0$, exis-

94 GILBERTO FRANCISCO LOIBEL

te n' para o qual $|a_n - a_m| < \varepsilon$ para todos $m,n > n'$, isso mostra que diam $A_{n'} \leq \varepsilon$; iii) como ε pode ser tomado arbitrariamente pequeno obtemos que diam(A_n) tende a 0 quando n tende a infinito. Pondo $c_n = \inf(A_n)$ e $d_n = \sup(A_n)$, obtemos uma sequência de intervalos encaixantes $[c_n,d_n]_n$. Essa sequência define um número real b que será o limite da sequência $(a_n)_n$, pois dado $\varepsilon > 0$, para o mesmo n' acima teremos $A_{n'} \subset (b - 2\varepsilon, b + 2\varepsilon)$.

Definição 1.1: Dizemos que uma sequência $(a_n)_n$ de elementos de um espaço métrico M é uma *sequência de Cauchy* se $\forall \varepsilon > 0$ existir n' $\in$ N tal que para todos $n,m > n'$ tenhamos $d(a_m, a_n) < \varepsilon$.

Somente a primeira parte da Proposição 1.1 generaliza-se para espaços métricos quaisquer:

Lema 1.2: Toda sequência convergente em um espaço métrico é uma sequência de Cauchy.

Demonstração: A demonstração é análoga à dada acima.

Lema 1.3: Seja $a = (a_n)_{n \in N}$ uma sequência de Cauchy e $a' = (a_n)_{n \in J}$ uma de suas subsequências. Então a' é de Cauchy e $\underline{a}$ converge se, e somente se, a' convergir. Os limites de a' e $\underline{a}$ são iguais.

Demonstração: Que a' é de Cauchy é trivial. Vimos no item 2.3.3 que a convergência de $\underline{a}$ garante a de a'. Suponhamos agora que a' convirja para b. Nessas condições, dado $\varepsilon > 0$ existe n' $\in$ N tal que para $\forall m,n \in N$ e $m,n > n'$, temos $d(a_m, a_n) < \varepsilon/2$ e para n $\in$ J, $d(a_n, b) < \varepsilon/2$, donde $d(a_m, b) < \varepsilon$, $\forall m \in N$, $m > n'$, ou seja, $a_n \to b$.

Definição 1.2: Dizemos que duas sequências de Cauchy $(a_n)_{n \in N}$ e $(b_n)_{n \in N}$ são equivalentes se $\forall \varepsilon > 0$ existir n' $\in$ N tal que para todo $m,n > n'$ tenhamos $d(a_m, b_n) < \varepsilon$.

•**Ex.a**: Mostre que a relação dada na Definição 1.2 é uma relação de equivalência.

•**Ex.b**: Mostre que na Definição 1.2 basta exigir $d(a_m, b_m) < \varepsilon$.

•**Ex.c**: Mostre que, para garantir a equivalência de duas sequências de Cauchy, basta mostrar que a sequência $(a_1, b_1, a_2, b_2 ...)$ obtida alternando elementos das duas sequências é de Cauchy.

•**Ex.d**: Seja $([a_n, b_n])_n$ uma sequência de intervalos encaixantes que determina um número real x. Então, $(a_n)_{n \in N}$ e $(b_n)_{n \in N}$ são equivalentes.

Proposição 1.4: Se uma de duas sequências de Cauchy $(a_n)_{n \in \mathbb{N}}$ e $(b_n)_{n \in \mathbb{N}}$ equivalentes for convergente, a outra também o é e os limites coincidem. Reciprocamente se duas sequências $(a_n)_{n \in \mathbb{N}}$ e $(b_n)_{n \in \mathbb{N}}$ têm o mesmo limite, elas são equivalentes.

Demonstração: Suponhamos que $a_n \to \tilde{a}$. Então, dado $\varepsilon > 0$ existe n' tal que para todo $n > n'$ temos $d(a_n, \tilde{a}) < \varepsilon/2$ e $d(a_n, b_n) < \varepsilon/2$ e, portanto, $d(\tilde{a}, b_n) < \varepsilon$, o que mostra que $b_n \to \tilde{a}$. Se $a_n \to \tilde{a}$ e $b_n \to \tilde{a}$, então dado $\varepsilon > 0$ existe n' tal que para todo $n > n'$ temos ainda $d(a_n, \tilde{a}) < \varepsilon/2$ e $d(\tilde{a}, b_n) < \varepsilon/2$ e, portanto, $d(a_n, b_n) < \varepsilon$, o que mostra que as sequências são equivalentes.

•Ex.e: Seja $(a_n)_n$ uma sequência de números racionais que converge para um valor irracional α. Essa sequência será de Cauchy, mesmo considerada como sequência em $\mathbb{Q}$, espaço onde ela não converge.

4.1.2 Espaços métricos completos

Num certo sentido, a construção dos reais a partir dos racionais foi feita com a intenção de "completar" o conjunto $\mathbb{Q}$ para um conjunto mais amplo, em que todas as sequências de Cauchy convergem. Esse fato mostra a importância dos espaços nos quais todas as sequências de Cauchy convergem. Isso leva à Definição 1.3.

Definição 1.3: Um espaço métrico no qual todas as sequências de Cauchy convergem é chamado *espaço métrico completo*.

•Ex.a: É fácil ver que um espaço isométrico a um espaço completo também é completo. Mas a propriedade de ser completo *não é uma propriedade topológica* como mostra o fato de o intervalo aberto $(-1,1)$ não ser completo, apesar de ser homeomorfo à reta toda (ver o **Ex.h** do item 2.2.5). Realmente a sequência $(1 - 1/n)_n$ é de Cauchy, mas não converge em $(-1,1)$.

Já os intervalos fechados são completos. Esse fato pode ser generalizado para a Proposição 1.5.

Proposição 1.5: Todo espaço métrico compacto K é completo.

Demonstração: Seja $a = (a_n)_{n \in \mathbb{N}}$ uma sequência de Cauchy. Definimos os subconjuntos $A_i = \{a_n \mid i < n\}$, os quais satisfazem

96 GILBERTO FRANCISCO LOIBEL

i) $A_1 \supset A_2 \supset \ldots \supset A_i \ldots$; ii) $\text{diam}(A_n)$ tende a 0 quando n tende a infinito, a demonstração é análoga à feita na Proposição 1.1. Se A_1 for finito, um e somente um dos valores deve ser repetido infinitamente. Suponhamos que dois dos valores a' e a" se repitam infinitas vezes, então $\text{diam}(A_i) \geq d(a',a")$, o que contradiz a afirmação ii). Portanto, a converge para o único valor repetido. Suponhamos que A_1 seja infinito então pelo **Ex.c** do item 3.2.3, A_1 admite um ponto de acumulação b. Dado $\varepsilon > 0$, existe $i \in N$ tal que i) $\text{diam}(A_i) < \varepsilon/2$ e ao menos um ponto de A_i está em $B(b,\varepsilon/2)$. Disso segue que $A_i \subset B(b,\varepsilon)$. Isso mostra que $a_i \to b$.

Proposição 1.6: Todo subespaço completo G de um espaço métrico M é fechado em M.

Demonstração: Seja b um ponto de acumulação de G, então existe uma sequência $(g_i)_i$ de elementos de G que converge a b em M. Como a sequência converge em G e o limite é único, b pertence a G.

Proposição 1.7: Todo subconjunto fechado F de um espaço métrico M completo é completo.

Demonstração: Toda sequência de Cauchy de F é também de Cauchy em M e, portanto, converge em M. Pelo Corolário 3.7 do item 2.3.3, toda sequência de elementos de um fechado que converge em M tem seu limite em F. Logo, F é completo.

Proposição 1.8: Sejam (M_1,d_1) e (M_2,d_2) dois espaços métricos, não vazios. Consideremos em $M = M_1 \times M_2$ a métrica d'''. Então, M será completo se, e somente se, cada um dos espaços fatores for completo.[1]

Demonstração: Suponhamos que M seja completo. Seja $b \in M_2$ um elemento qualquer. M_1 é isométrico ao subconjunto $M_1 \times \{b\} = \text{pr}_1^{-1}(\{p\})$ que é fechado em M e, portanto, completo. Segue que M_1 é completo. Analogamente M_2 é completo. Reciprocamente sejam M_1 e M_2 espaços completos e seja $u = ((a_n,b_n))_n$ uma sequência de Cauchy em M. Como as projeções de M sobre seus

---

1 O resultado é também válido para as métricas d' e d", como veremos no próximo parágrafo, ou então pode ser demonstrado diretamente.

INTRODUÇÃO À TOPOLOGIA **97**

fatores são contrações fracas, vemos de imediato que as sequências $(a_n)_n$ e $(b_n)_n$ são de Cauchy e, portanto, convergem para pontos $\underline{a}$ e b de M_1 e M_2, respectivamente. Dado $\varepsilon > 0$, podemos, portanto, encontrar n' tal que para n > n' valem simultaneamente $d_1(a,a_n) < \varepsilon$ e $d_2(b,b_n) < \varepsilon$ e, portanto, $d'''((a,b),(a_n,b_n)) < \varepsilon$, ou seja, a sequência u converge para (a,b). M é, portanto, completo.

4.2 Funções uniformemente contínuas

4.2.1 Definições e propriedades básicas

No **Ex.a** do item 2.1, afirmamos que um de dois espaços homeomorfos pode ser completo e o outro não. Podemos perguntar: Um homeomorfismo pode transformar uma sequência convergente em uma sequência divergente? Mas a Proposição 3.8 do item 2.3.3 mostra que um homeomorfismo entre dois espaços estabelece correspondência biunívoca entre as sequências convergentes dos dois espaços. Logo, devemos procurar uma outra razão. O fato é que o homeomorfismo $f : (-1,1) \to \mathfrak{R}$, dado por $f(t) = t/(1-|t|)$, transforma a sequência de Cauchy $(1- 1/n)_n$ na sequência $(n - 1)_n$ que não é de Cauchy. Que esta última sequência divirja, não contradiz, portanto, o fato de que $\mathfrak{R}$ é completo.

Estudaremos agora as funções uniformemente contínuas que transformam sequências de Cauchy em sequências de Cauchy.

Definição 2.1: Sejam M e N dois espaços métricos e $f : M \to N$ uma função. Dizemos que f é *uniformemente contínua* se dado $\varepsilon > 0$ existir $\delta > 0$ tal que sempre que $x,x' \in M$ e $d(x,x') < \delta$ tenhamos $d(f(x),f(x')) < \varepsilon$.

É imediato que toda função uniformemente contínua seja contínua.

•**Ex.a**: Mostre que toda função uniformemente contínua transforma sequências de Cauchy em sequências de Cauchy. Mostre ainda que sequências de Cauchy equivalentes são transformadas em sequências de Cauchy equivalentes.

98 GILBERTO FRANCISCO LOIBEL

•Ex.b: Mostre que toda aplicação lipschitziana é uniformemente contínua. Em particular as imersões isométricas e as isometrias são uniformemente contínuas.

•Ex.c: Mostre que a composta de duas funções uniformemente contínuas também é uniformemente contínua. Conclua que a restrição de uma função uniformemente contínua é uniformemente contínua.

Definição 2.2: Um *homeomorfismo uniforme* é um homeomorfismo uniformemente contínuo cujo homeomorfismo inverso também é uniformemente contínuo.

•Ex.d: Mostre que, se de dois espaços uniformemente homeomorfos um for completo, o outro também é completo.

Definição 2.3: Sejam d_1 e d_2 duas métricas no mesmo conjunto M. Dizemos que as duas métricas são *uniformemente equivalentes* se e somente se a identidade $I : (M,d_1) \to (M,d_2)$ for um homeomorfismo uniforme.

É claro que as sequências de Cauchy de (M,d_1) são as mesmas de (M,d_2), e (M,d_1) é completo se e somente se (M,d_2) for completo.

•Ex.e: Sejam (M_1,d_1) e (M_2,d_2) dois espaços métricos, não vazios. Mostre que as métricas d', d" e d''' em $M = M_1 \times M_2$ são uniformemente equivalentes. Utilize esse fato para mostrar que a Proposição 1.8 do item 4.1.2 é também válida para as métricas d' e d".

•Ex.f: Mostre que toda métrica é uniformemente equivalente a uma métrica limitada. (Sugestão: usar o **Ex.b** do item 2.2.4.)

4.2.2 Extensão de funções

Em muitos ramos da Matemática, é comum encontrar problemas do seguinte tipo: seja X um conjunto e $A \subset X$. Dada uma função $f : A \to Y$, é possível estender f a uma função $f^* : X \to Y$ que conserva propriedades da f . Na topologia, somos interessados em estender funções contínuas obtendo novas funções contínuas. Tratar esse problema em toda sua generalidade é excessivamente complexo, não somente neste nosso curso, mas em geral. Mas diversas

INTRODUÇÃO À TOPOLOGIA 99

teorias tratam do problema em situações particulares ,e tanto a solução positiva como a demonstração da impossibilidade da solução em um caso particular podem ser de grande utilidade. Vejamos um exemplo: seja $A = \{0.1\} \subset [0,1] \subset \Re$ (com a topologia habitual) e seja $Y = \{a,b\}$ ($a \neq b$) com a topologia discreta. Seja $f : \{0,1\} \to \{a,b\}$ dada por $f(0) = a$ e $f(1) = b$. f não pode ser estendida a uma função contínua $f^* : [0,1] \to \{a,b\}$, pois $[0,1]$ é conexo e sua imagem deveria ser conexa.

Vamos concentrar nossa atenção no caso em que A é denso em X. Em geral, esse problema não tem solução como mostra o caso $A = (0,1] \subset [0,1] \subset R$ e da função $f(x) = 1/x$. Como $1/x$ tende a ∞ quando x tende a 0, nenhum valor real para $f^*(0)$ poderá fornecer uma extensão contínua.

De imediato, vemos que para os pontos $x' \notin A$, que são necessariamente pontos de acumulação de A, devemos ter $f^*(x') = \lim f(x)$ para x tendendo a x'.

Proposição 2.1: Sejam M e N espaços métricos, sendo N completo. Seja A um subconjunto denso de M e seja $f : A \to N$ uma aplicação uniformemente contínua. Então existe uma única extensão contínua $f^* : M \to N$. f^* é uniformemente contínua.

Demonstração: Vamos definir a função f^* como segue: se a $\in A$ pomos $f^*(a) = f(a)$. Se x' for um ponto de acumulação de A, existe uma sequência $(a_n)_n$ de pontos de A que converge para x'. A sequência $(f(a_n))_n$ é de Cauchy (ver **Ex.a** do item 4.2.1) e, como N é completo, ela converge para um ponto que chamaremos de $f^*(x')$. Esse valor não depende da particular sequência que converge para x', pois: i) duas sequências nestas condições são equivalentes pela Proposição 1.4 do item 4.1.1; ii) como f é uniformemente contínua, elas são transformadas em sequências equivalentes (ver **Ex.a** do item 4.2.1); e iii) novamente pela Proposição 1.4 estas convergem para o mesmo ponto $f^*(x')$. É claro que se o ponto de acumulação pertence a A temos $f^*(x') = f(x')$. Como A é denso em M, f^* é definida em todos os pontos de M.

Para demonstrar a continuidade uniforme de f^*, utilizaremos o Lema 2.2.

100 GILBERTO FRANCISCO LOIBEL

Lema 2.2: Seja x' um ponto de M e $\rho > 0$ e $\sigma > 0$ dois números reais, então existe a̲ em A tal que $d(x',a) < \rho$ e $d(f(a),f^*(x')) < \sigma$.

Demonstração: Se x' pertence a A, basta fazer a = x'. Se x' $\notin$ A, existe uma sequência $(a_n)_n$ de pontos de A que converge para x' e a sequência $(f(a_n))_n$ converge para $f^*(x')$. Basta fazer a = a_n para um n suficientemente grande.

Voltamos agora à demonstração da proposição: seja $\varepsilon > 0$, pomos $\varepsilon' = \varepsilon/3$. Como f é uniformemente contínua, existe $\delta' > 0$ tal que para todos a,b $\in$ A com $d(a,b) < \delta'$ temos $d(f(a),f(b)) < \varepsilon'$. Pomos $\delta = \delta'/3$. Sejam x,y $\in$ M tais que $d(x,y) < \delta$. Pelo Lema 2.2, podemos escolher a,b $\in$ A tais que $d(x,a) < \delta$, $d(f^*(x),f(a)) < \varepsilon'$ e $d(y,b) < \delta$, $d(f^*(y),f(b)) < \varepsilon'$. Resulta que $d(a,b) \leq d(a,x) + d(x,y) + d(y,b) < 3\delta = \delta'$. Portanto, $d(f(a),f(b)) < \varepsilon'$, o que nos dá que $d(f^*(x),f^*(y)) < 3\varepsilon' = \varepsilon$. f^* é, portanto, uniformemente contínua.

f^* é a única função contínua que estende f para M: suponhamos que existisse outra g^*, então o conjunto C = {x $\in$ M | $f^*(x) = g^*(x)$} $\supset$ A e é fechado (ver **Ex.b** do item 2.2.2), como A é denso em A temos C = M. Isso conclui a demonstração da proposição.

Para concluir este capítulo, vamos estudar a função exponencial a^x. No curso secundário, geralmente ela é apresentada iniciando com a definição para expoentes inteiros positivos. Introduzem-se depois os expoentes inteiros, os expoentes da forma 1/n e finalmente os expoentes da forma m/n com m $\in$ Z e n $\in$ N*. Obtém-se assim uma função g : Q $\to$ $\Re$, $g(x) = a^x$, cujas propriedades básicas – como ensinadas no ensino secundário – usaremos sem demonstração. Para o caso a > 1, temos que g é uma função estritamente crescente, pois, se q = m/n for um número racional positivo, temos $a^q > 1$ e $a^{x+q} = a^x a^q > a^x$. g não é uniformemente contínua em toda reta, mas será uniformemente contínua em qualquer semi-reta $(-\infty, k] \cap$ Q. Para tanto, observamos em primeiro lugar que $a^{1/m} < 1 + (a-1)/m$. Fazendo m suficientemente grande, podemos tornar $a^{1/m} - 1$ arbitrariamente pequeno. Mais ainda, para $0 < q$ suficientemente pequeno, podemos tornar $a^q - 1$ arbitrariamente pequeno. Seja agora dado $\varepsilon > 0$, queremos determinar $\delta > 0$ tal que para racionais x,x' $\leq$ k, $|x - x'| < \delta$, tenhamos $|a^x - a^{x'}| < \varepsilon$. Pondo x' = x + q, teremos $a^{x+q} - a^x =$

INTRODUÇÃO À TOPOLOGIA 101

$a^x(a^q - 1) \le a^k(a^q - 1)$. Basta escolher $\delta > 0$ de tal forma que $0 < q < \delta$ implique $a^q - 1 < \varepsilon/a^k$.

Seja $g_n = g \mid (-\infty,n] \cap Q$. Como $(-\infty,n] \cap Q$ é denso em $(-\infty,n]$, g_n pode ser estendida a uma única função contínua $g_n^* : (-\infty,n] \to \Re$. Analisando a demonstração da Proposição 2.1, vemos imediatamente que para $m < n$ vale $g_m^* = g_n^* \mid (-\infty,m]$. Pomos $f_n^* = g_n^* \mid (-\infty,n)$ e definimos $f^* : \Re \to \Re$ por $f^*(x) = f_n^*(x)$ se $x \in (-\infty,n)$. Usamos então a Proposição 2.8 do item 2.2.3 para mostrar que f^* é uma extensão contínua de g. Usando o **Ex.b** do item 2.2.2, vemos que f^* é única, pois Q é denso em $\Re$.

Definimos $a^x = f^*(x)$ $\forall$ $x \in \Re$.

•Ex.a: Demonstre as propriedades da função $g(x) = a^x$, $x \in Q$ utilizadas no estudo acima.

•Ex.b: Estenda essas propriedades para a função $f(x) = a^x$, $x \in \Re$.

•Ex.c: Modifique o estudo acima para o caso $0 < a < 1$.

APÊNDICE A
NOMENCLATURA, NOTAÇÕES E ALGUNS RESULTADOS DA TEORIA DOS CONJUNTOS

Neste apêndice, indicamos a nomenclatura e as principais notações, fórmulas e resultados da teoria dos conjuntos que usaremos em nosso curso de topologia. O tratamento será feito do ponto de vista ingênuo, isto é, sem embasamento axiomático e supondo que o leitor "saiba" do que se está falando. A apresentação dos tópicos será descritiva, sem demonstrações. Supomos ainda que boa parte daquilo que diremos aqui é conhecida pelo leitor, servindo o apêndice mais para fixar a nomenclatura e as notações do que para trazer novidades.

Supomos como dados os conjuntos dos números naturais $N = \{0,1,2,...\}$, dos inteiros relativos Z e dos racionais relativos Q, com suas estruturas aditivas e multiplicativas e sua ordem habitual. Excluindo de cada um desses conjuntos o elemento zero, obtemos os conjuntos N^*, Z^* e Q^*. Os números reais serão tratados no Apêndice B. Supomos ainda que o princípio da indução finita seja conhecido.

1 Notações e propriedades básicas

Utilizaremos as notações clássicas para *reunião, interseção, contido em* e *contém*: $\cup$, $\cap$, $\subset$ e $\supset$. Para indicar o complemento de um subconjunto $A \subset M$, usaremos a notação $C_M A$. Se não houver dúvida

104 GILBERTO FRANCISCO LOIBEL

sobre o conjunto M em relação ao qual se faz a complementação, omitiremos o M, isto é, escreveremos simplesmente $\complement$A. O conjunto vazio será indicado com $\varnothing$. Dado um conjunto M, indicaremos com $\wp(M)$ o conjunto das partes de M, isto é, o conjunto dos subconjuntos de M.

Valem as seguintes propriedades para subconjuntos A, B e C de um conjunto M:

$A \cup B = B \cup A$ Propriedade comutativa
$A \cap B = B \cap A$

$A \cup (B \cup C) = (A \cup B) \cup C$ Propriedade associativa
$A \cap (B \cap C) = (A \cap B) \cap C$

$A \cup \varnothing = A, A \cup M = M$ e $A \cup A = A$
$A \cap \varnothing = \varnothing, A \cap M = A$ e $A \cap A = A$

$A \cup (B \cap C) = (A \cup B) \cap (A \cup C)$ Propriedade distributiva
$A \cap (B \cup C) = (A \cap B) \cup (A \cap C)$

Observação: Em razão da propriedade associativa, omitiremos no futuro os parênteses escrevendo $A \cup B \cup C$ em lugar de $A \cup (B \cup C)$ ou $(A \cup B) \cup C$, e $A \cap B \cap C$ em lugar de $A \cap (B \cap C)$ ou $(A \cap B) \cap C$. Agiremos analogamente em expressões contendo mais conjuntos.

Para a complementação dos subconjuntos de um conjunto M, temos:

$\complement_M \complement_M A = A$ ou mais breve, se não houver dúvida, $\complement \complement A = A$.

Relacionando $\cup$, $\cap$ e $\complement$, temos as leis de De Morgan:

$\complement (A \cup B) = \complement A \cap \complement B$
$\complement (A \cap B) = \complement A \cup \complement B$

Quase todos esses resultados podem ser estendidos a um número maior de subconjuntos de um conjunto M dado. Por exemplo, temos $\complement (A \cup B \cup C) = \complement A \cap \complement B \cap \complement C$.

INTRODUÇÃO À TOPOLOGIA **105**

• **Ex.a1**: Escreva $(A \cup B) \cap (C \cup D)$ como uma reunião de interseções de conjuntos.

a2: Escreva $\complement((A \cap B) \cup C)$ como reunião.

2 Funções

2.1 Definições e resultados básicos

Sejam A e B conjuntos. Uma *função* $f : A \to B$ *definida em A com valores em B* é uma "lei" que associa a cada elemento de $a \in A$ um elemento $b \in B$. Escrevemos $b = f(a)$. Dizemos também que f é uma função de A em B. Usaremos os termos *aplicação* e *transformação* como sinônimos de função. A será o *campo de definição ou domínio* de f e B seu *campo de variação ou contradomínio*.

O conjunto de todas as aplicações de A em B será denotado com B^A.

•**Ex.a**: Sabendo que os conjuntos A e B são finitos, determine o número de elementos de B^A.

$b = f(a)$ é a *imagem* de a. Seja $X \subset A$, então pomos $f(X) = \{f(a) \mid a \in X\}$ e dizemos que $f(X)$ é a *imagem* de X pela função f. Em particular, a imagem de A, $f(A)$, é chamada *imagem de f* e, às vezes, denotada por $Im(f)$.

Se $f(A) = B$, dizemos que f é uma função *sobrejetora* ou simplesmente *sobre*.

Uma função f é dita *injetora* se elementos distintos de A tiverem imagens distintas em B.

Uma função é dita *bijetora* se ela for injetora e sobrejetora. Dizemos também que f é *biunívoca* ou que f é uma *correspondência biunívoca*.

Se $f : A \to B$ for bijetora, podemos definir sua inversa $f^{-1} : B \to A$ associando a cada $b \in B$ o único elemento $a \in A$ tal que $b = f(a)$.

Para todo conjunto A, podemos definir a função identidade $Id_A : A \to A$ por $Id_A(x) = x$, $\forall x \in A$.

106 GILBERTO FRANCISCO LOIBEL

•Ex.b1: Escreva 3 funções de N em N que sejam injetoras, mas não sobrejetoras.

b2: Escreva 3 funções de Z em N que sejam injetoras, mas não sobrejetoras.

b3: Escreva 3 funções de N em N que sejam sobrejetoras, mas não injetoras.

b4: Escreva 3 funções de Q em N que sejam sobrejetoras.

b5: Escreva 3 funções de N em N que sejam bijetoras.

Sejam $f : A \to B$ e $g : C \to D$ tais que o campo de definição da segunda contenha a imagem da segunda.[1] Nessas condições, podemos definir a função composta $g \circ f$ por $(g \circ f)(a) = g(f(a)) \ \forall \ a \in A$.

Valem as seguintes regras (sempre que as expressões tenham significado):

$(h \circ g) \circ f = h \circ (g \circ f)$

$f \circ Id_A = f = Id_B \circ f : A \to B$

$f^{-1} \circ f = Id_A$ e $f \circ f^{-1} = Id_B$

$(g \circ f)^{-1} = f^{-1} \circ g^{-1}$

Seja $A \subset M$. A função $i_A : A \to M$ dada por $i_A(a) = a$, $\forall \ a \in A$, chama-se *inclusão (canônica) de A em M*.

Seja $f : M \to B$ uma função e seja $A \subset M$. A *restrição de f a A* é a função $f|A$ dada por $(f|A)(a) = f(a)$, $\forall \ a \in A$. Temos $f|A = f \circ i_A$.

•Ex.c: Sejam $f : A \to A$ e $g : A \to A$, então existem as funções $g \circ f$ e $f \circ g$. Mostre com exemplos que, em geral, não vale $g \circ f = f \circ g$.

•Ex.d1: Sejam $f : A \to B$ e $g : B \to C$ funções. Mostre que $Im(g \circ f) \subset Im(g)$.

d2: Em que condições vale $Im(gof) = Im(g)$?

•Ex.e1: Sejam $f : A \to B$ e $g : B \to A$ funções tais que $g \circ f = Id_A$. Mostre que f é injetora e g é sobrejetora.

e2: Se além disso $f \circ g = Id_B$, então f é bijetora e $g = f^{-1}$.

•Ex.f: Construa $f : Z \to N$ que seja sobrejetora, mas não injetora e tal que $f \mid N$ seja bijetora.

---

1 Alguns autores admitem somente o caso particular em que o campo de definição da segunda função coincide com o campo de variação da primeira, isto é, $g : B \to D$.

INTRODUÇÃO À TOPOLOGIA **107**

2.2 n-uplas, sequências e famílias

Seja $n \in N$. Indicaremos com $J_n = \{r \in N^* \mid r \leq n\}$ o conjunto dos primeiros n números inteiros positivos. É claro que $J_0 = \varnothing$. Para $n > 1$ escrevemos às vezes $\{1,2,...,n\}$ em lugar de J_n.[2] Uma função $a : J_n \to X$ será chamada de *n-upla (ordenada)* de *elementos de* X. Suponhamos que $a(i) = a_i$, então denotamos a por $(a_1,a_2,...,a_n) = (a_i)_{i = 1,2,...,n}$. Se $n = 2$, falamos de *pares ordenados*.

•**Ex.a**: Seja $a = (a_1,a_2,...,a_n)$ uma n-upla de elementos de A. Seja $K \subset J_n$, tendo K m elementos, $0 < m < n$. Interprete a $\mid$ K como m-upla ordenada.

Normalmente é usada a notação abreviada X^n para indicar o conjunto das n-uplas de elementos de X.

As funções definidas em N ou N^* com valores em um conjunto X serão chamadas de *sequências de elementos* de X. Seja $a : N \to X$ uma sequência, se $a(i) = a_i$, denotamos normalmente essa sequência com $(a_n)_{n\in N}$, valendo notação semelhante para sequências definidas em N^*. Abreviamos essa notação para $(a_n)_n$ ou mesmo (a_n) se não houver perigo de confusão.

Seja L um subconjunto infinito de N. Então, pode-se mostrar que existe[3] uma única correspondência biunívoca $\Gamma_L : N \to L$ estritamente crescente, isto é, tal que $m < n$ implica que $\Gamma_L(m) < \Gamma_L(n)$.

Seja $a : N \to X$ uma sequência de elementos de X e seja $L \subset N$ um subconjunto infinito de N. A *subsequência* a^L de a, associada ao subconjunto L, é a função composta a o Γ_L.. Algumas vezes, essa função é identificada com a restrição $a \mid L$. Nestas ocasiões, quando escrevemos $a = (a_n)_{n\in N}$, denotamos a subsequência com $(a_n)_{n\in L}$.. É claro que a partir de $a \mid L$ podemos construir uma sequência a^L e vice-versa; o conhecimento de L e a^L permite obter $a \mid L$.

•**Ex.b**: Considere a sequência $a = \mathrm{sen}(n\pi/2)_{n\in N}$. Seja $L = \{n^2 \mid n \in N\}$. Descreva a^L.

---

2 Os conjuntos que podem ser postos em correspondência biunívoca com um dos conjuntos J_n são os **conjuntos finitos**. Um conjunto que não é um conjunto finito é um **conjunto infinito**.

3 Utilize indução finita para demonstrar essa afirmação.

108 GILBERTO FRANCISCO LOIBEL

Sejam I e X conjuntos e b : I → X uma função qualquer. Frequentemente indicamos o valor b(i) com a notação b_i e denotamos a função com o símbolo $b = (b_i)_{i \in I}$. Dizemos então que b é uma *família de elementos de X com índices em I* e que I é o *conjunto de índices da família* b. Uma n-upla é, portanto, uma família com índices em J_n, e uma sequência é uma família com índices em N ou N*.

Observação: Não devemos confundir a família $b = (b_i)_{i \in I}$ com o conjunto de valores da família $b(I) = \{b_i\}_{i \in I} = \{b_i \mid i \in I\}$.

Seja $J \subset I$ e seja $b = (b_i)_{i \in I}$ uma família de elementos em X com índices em I. A restrição de b a J, isto é, $b \mid J = (b_i)_{i \in J}$ é uma *subfamília* da família b. Assim, na segunda forma que apresentamos acima, uma subsequência é uma subfamília de uma sequência com um conjunto de índices infinito. Se J for um subconjunto finito, falamos de uma *subfamília finita*.

•Ex.c: Escreva uma família de elementos de Z com índices em $Q : b = (b_i)_{i \in Q}$.

Para todo conjunto A, podemos construir a *família canônica* de A: $\kappa_A = (\kappa_a)_{a \in A}$ com $\kappa_a = a$, $\forall\, a \in A$, que corresponde à (ou melhor é a) função identidade Id_A de A.

Seja agora $\alpha = (A_i)_{i \in I}$ uma família qualquer de conjuntos. A reunião da família α é o conjunto $\cup_{i \in I} A_i = \{x \mid \exists\, i \in I$ com $x \in A_i\}$, e a interseção de α é o conjunto $\cap_{i \in I} A_i = \{x \mid x \in A_i\, \forall\, i \in I\}$.

•Ex.d: Estenda as principais fórmulas de A 1 para famílias quaisquer de conjuntos.

•Ex.e: Seja $I \neq \emptyset$ um conjunto qualquer e K um corpo. Seja V o conjunto de todas as famílias de elementos de K com índices em I. Mostre que V é um espaço vetorial sobre K utilizando as seguintes operações: para $a = (a_i)_{i \in I}$ e $b = (b_i)_{i \in I}$ elementos de V e $\lambda \in$ K, pomos $a + b = (a_i + b_i)_{i \in I}$ e $\lambda\, \alpha = (\lambda\, a_i)_{i \in I}$. Isso generaliza o caso clássico do espaço vetorial das n-uplas de elementos de K no qual $I = J_n$.

2. 3 Funções associadas a uma função

Associadas a uma função qualquer f: A → B, temos duas outras funções, que indicaremos *provisoriamente com* f' e f". A primeira

INTRODUÇÃO À TOPOLOGIA 109

$f': \wp(A) \to \wp(B)$ definida por, para todo $X \subset A$, $f'(X) = \{f(x) \mid x \in X\} \subset B$, é chamada *função imagem ou extensão de f aos subconjuntos de A*. Por um abuso de linguagem escrita, ela será denotada com o mesmo símbolo f da função à qual é associada, isto é, escreveremos $f(X)$ em lugar de $f'(X)$, como aliás já fizemos anteriormente neste apêndice. A segunda $f'' : \wp(B) \to \wp(A)$, chamada *função imagem inversa ou anteimagem*, é definida por: para todo $Y \subset B$, $f''(Y) = \{x \in A \mid f(x) \in Y\}$. Por um outro abuso de linguagem, costuma-se escrever $f^{-1}(Y)$ em lugar de $f''(Y)$. A função de conjuntos f^{-1} sempre existe mesmo que f não seja biunívoca, mas é claro que, se f for biunívoca, a função $f^{-1} = f''$ é a extensão da função $f^{-1}: B \to A$.

• **Ex.a**: Determine $\operatorname{sen}([\pi/3,\pi/2])$, $\operatorname{sen}(\{\pi/3,\pi/2\})$, 2^N e $((2,5])^2$.

• **Ex.b1**: Determine $\operatorname{tg}^{-1}([0,1])$.

b2: Que relação tem essa expressão com a função arctg, que frequentemente é designada com tg^{-1}, por exemplo nas máquinas de calcular?

• **Ex.c**: Estude as propriedades das funções f' e f" para os casos em que f é injetora, sobrejetora e bijetora.

O comportamento da função f" em relação às operações elementares entre os subconjuntos é muito simples, como atestam as fórmulas que seguem:

Seja $f : A \to B$ e $Y,Z \subset B$, então

$$f^{-1}(Y \cup Z) = f^{-1}(Y) \cup f^{-1}(Z)$$
$$f^{-1}(Y \cap Z) = f^{-1}(Y) \cap f^{-1}(Z)$$
$$f^{-1}(\complement_B Y) = \complement_A f^{-1}(Y).$$

Temos ainda que, se $Y \subset Z$, vale $f^{-1}(Y) \subset f^{-1}(Z)$.

• **Ex.d**: Verifique as fórmulas acima.

O comportamento da função f' é mais complexo.

Seja $f : A \to B$ e $U, V \subset A$, então, se $U \subset V$, vale $f(U) \subset f(V)$, e para U e V quaisquer, temos:

$$f(U \cup V) = f(U) \cup f(V), \text{ mas somente temos}$$

$f(U \cap V) \subset f(U) \cap f(V)$ e, no caso geral, não podemos dizer nada sobre a relação entre $f(\complement_A U)$ e $\complement_B f(U)$.

• **Ex.e**: Verifique as fórmulas acima.

110 GILBERTO FRANCISCO LOIBEL

•Ex.f: Considere a função $f : \Re \to \{x \in \Re \mid x \geq 0\}$ com $f(x) = x^2$.
Utilize diversos subconjuntos U de $\Re$ para mostrar diversos relacionamentos entre $f(\complement_A U)$ e $\complement_B f(U)$.

•Ex.g: Generalize as expressões acima que contenham os operadores $\cup$ e $\cap$ para o caso de reuniões e interseções de famílias quaisquer de conjuntos.

Relacionando as funções f' e f'', temos:

$\forall\, Y \subset B$ vale $f\, f^{-1}(Y) \subset Y$

$\forall\, X \subset A$ vale $f^{-1}f(X) \supset X$

•Ex.h: Sejam $f : A \to B$, $A = U \cup V$, $g = f\,|\,U$ e $h = f\,|\,V$. Mostre que, se $G \subset B$, então vale $f^{-1}(G) = g^{-1}(G) \cup h^{-1}(G)$.

3 Produto cartesiano

Seja $\alpha = (A_i)_{i \in I}$ uma família qualquer de conjuntos. Seja $A = \cup_{i \in I} A_i$ a reunião dessa família. Definimos o *produto cartesiano* de α como sendo o conjunto[4] de todas as famílias $(a_i)_{i \in I}$ de A tais que $a_i \in A_i$, $\forall\, i \in I$.

Esse produto é denotado por:

$$\prod_{i \in I} A_i$$

Em particular, se $I = J_n$, pomos

$$\prod_{i \in J_n} A_i = \prod_{i=1}^{n} A_i = A_1 \times A_2 \times \ldots \times A_n$$

O conjunto dos pares ordenados (a,b) com $a \in A$ e $b \in B$ indicamos com $A \times B$. Analogamente, o produto cartesiano de 3 conjuntos A, B e C é indicado com $A \times B \times C$.

---

4 Se o conjunto I for infinito, a afirmação "se todos os A_i são não vazios, então seu produto cartesiano é não vazio" é equivalente ao *axioma da escolha* que afirma: "dada uma família qualquer de conjunto não vazios, podemos escolher em cada um destes conjuntos um elemento". Nas poucas ocasiões em que ocorrer um produto cartesiano infinito, vamos supor que o axioma da escolha seja válido.

INTRODUÇÃO À TOPOLOGIA **111**

•Ex.a: Se A tem m elementos e B tem n elementos, quantos elementos tem A x B?

A aplicação (a,(b,c)) → (a,b,c) estabelece correspondência biunívoca entre A x (B x C) e A x B x C. Em razão desse fato, frequentemente se identificam estes dois produtos cartesianos. Ainda se identifica (A x B) x C com A x B x C. De forma semelhante se faz identificação de produtos com mais fatores.

O produto cartesiano é distributivo em relação à reunião e interseção, valendo:

$$A \times (B \cup C) = A \times B \cup A \times C$$
$$A \times (B \cap C) = A \times B \cap A \times C$$

Essas expressões se estendem para situações mais complexas, como o leitor poderá verificar facilmente.

Seja f : A → B uma função. O conjunto $\Gamma(f) = \{(a,b) \mid b = f(a)\}$ ⊂ A x B é chamado de gráfico de f.

O gráfico da função f é um subconjunto de A x B que tem a propriedade que, para todo a ∈ A, existe um e somente um elemento b de B, tal que (a,b) ∈ $\Gamma(f)$. Vice-versa, todo subconjunto G de A x B que tem essa propriedade é o gráfico de uma função. É comum definir função como sendo um gráfico.

Seja J ⊂ I. A aplicação $pr_J : \prod_{i \in I} A_i \to \prod_{i \in J} A_i$ definida por $pr_J(a) =$ $pr_J((a_i)_{i \in I}) = a \mid J = (a_i)_{i \in J}$ é chamada de projeção de $\prod_{i \in I} A_i$ sobre $\prod_{i \in J} A_i$.Por exemplo, a projeção de A x B x C sobre B x C é dada por $pr((a,b,c)) = (b,c)$.

4 Relações

4.1 Definições básicas

A forma mais simples de definir relação é dizer: uma *relação (binária) entre elementos de* A *e elementos de* B é um subconjunto de A x B.

112 GILBERTO FRANCISCO LOIBEL

Seja então $R \subset A \times B$ uma relação. Dizemos que a está *relacionado com b pela relação* R se $(a,b) \in R$. Escrevemos então a R b como sinônimo de $(a,b) \in R$.

Se $A = B$, dizemos que $R \subset A \times A$ é uma *relação em* A. Pelo dito acima, o gráfico $\Gamma(f)$ de uma função f é uma relação e poderíamos escrever $x \Gamma(f) y$ em lugar de $y = f(x)$. Algumas vezes, identificando a função com o gráfico se escreve mais curto x f y.

As relações mais usadas são as relações de equivalência e as relações de ordem, que se caracterizam por certas propriedades especiais.

•**Ex.a**: Interprete as relações $\in \subset A \times \wp(A)$, $\subset \subset \wp(A) \times \wp(A)$, $\leq \subset N \times N$.

4.2 Relações de equivalência

Uma *relação de equivalência* $\equiv$ é uma relação entre elementos de um mesmo conjunto A satisfazendo as seguintes condições:

a) *Reflexiva*: $\forall a \in A$ vale $a \equiv a$ (ou seja $(a,a) \in \equiv$);

b) *Simétrica*: $\forall a,b \in A$, $a \equiv b$ implica $b \equiv a$ (ou seja sempre que $(a,b) \in \equiv$ também $(b,a) \in \equiv$);

c) *Transitiva*: $\forall a,b,c \in A$, $a \equiv b$ e $b \equiv c$ implicam $a \equiv c$ (ou seja de (a,b), $(b,c) \in \equiv$, segue $(a,c) \in \equiv$).

•**Ex.a1**: Em qualquer conjunto, a igualdade é uma relação de equivalência.

a2: A congruência módulo m $(m \in Z)$ é uma relação de equivalência em Z.

•**Ex.b**: Mostre que a propriedade reflexiva para uma relação $\approx \subset A \times A$ é equivalente à afirmação: "$\Delta(A) = \{(a,a) \mid a \in A\} \subset \approx$". $\Delta(A)$ é chamado de diagonal de $A \times A$.

•**Ex.c**: Dê uma interpretação da propriedade simétrica em termos do conjunto $\approx \subset A \times A$.

Seja $\equiv$ uma relação de equivalência em A e seja $a \in A$. A *classe de equivalência de* a é o conjunto $\bar{a} = \{b \in A \mid b \equiv a\}$.

Verifica-se facilmente que $a \in A$, $a \in \bar{a}$, e se $b \in \bar{a}$, então $a \in b$, e mais ainda $a = b$. Disto segue se $a \neq b$ então $a \cap \bar{b} = \emptyset$. Conclui-se

INTRODUÇÃO À TOPOLOGIA 113

então que A é reunião das classes de equivalência, que são duas a duas disjuntas.

Uma coleção de subconjuntos de um conjunto, dois a dois disjuntos, cuja reunião é o conjunto dado chama-se *partição* do conjunto. As classes de equivalência formam, portanto, uma partição do conjunto em estudo.

•Ex.d: Mostre que toda partição determina uma relação de equivalência.

Seja $\equiv$ uma relação de equivalência no conjunto A. O conjunto $Q = \{\ ^{-}a \mid a \in A\}$ das classes de $\equiv$ é chamado o *conjunto quociente* de A pela relação $\equiv$. Q é denotado por $A/\equiv$. A função $\rho : A \to A/\equiv$ que associa a cada elemento a de A sua classe de equivalência ^{-}a, chama-se *aplicação canônica*.

Seja $\equiv$ uma relação de equivalência em A. Um *sistema (completo) de representantes de* $\equiv$ é um subconjunto Σ de A que contém um, e somente um, elemento de cada classe de equivalência. O elemento de Σ contido em uma dada classe é o *representante* dessa classe de equivalência. Podemos obter um sistema de representantes usando uma função $\sigma : A/\equiv \to A$ tal que para toda classe de equivalência $\alpha = \ ^{-}a$ tenhamos $\sigma(\alpha) \in \alpha$ A imagem de σ é um sistema de representantes $\Sigma = \sigma(A/\equiv)$. Uma função como σ será uma *seção*.

Seja $\rho : A \to A/\equiv$ a aplicação canônica e seja $\sigma : A/\equiv \to A$ uma seção, então $\rho \ o \ \sigma$ é a identidade de $A/\equiv$.

Seja f: $A \to B$ uma função qualquer. Definimos em A a relação de equivalência K_f pondo a K_f b se, e somente se, $f(a) = f(b)$. Dizemos que K_f é *a relação de equivalência associada a* f.[5]

Podemos definir uma função $f^* : A/K_f \to B$ pondo para cada $\alpha \in A/K_f$, $f^*(\alpha) = f(a)$ onde a é um elemento qualquer de α. f^* é bem definida. Temos $f = f^* \ o \ \rho$. Isso fornece uma decomposição de f em uma aplicação sobrejetora ρ e outra injetora f^*. A imagem de f^* coincide com a imagem de f , e f^* estabelece correspondência biunívoca entre A/K_f e $f(A)$.

---

5 Na prática, muitas relações de equivalência são obtidas dessa forma. Por exemplo, na Álgebra e na Topologia esse procedimento é muito comum.

114 GILBERTO FRANCISCO LOIBEL

É claro que, sendo ρ: $A \to A/\equiv$ a aplicação canônica, então $K_\rho = \equiv$. Isso mostra que toda relação de equivalência é associada a uma função. Observe que uma relação de equivalência é associada a muitas funções distintas. Dadas duas relações de equivalência $\equiv$ e $\approx$ em um mesmo conjunto X, dizemos que $\equiv$ implica $\approx$ se, sempre que valer $x \equiv y$, tivermos também $x \approx y$. Por exemplo, a congruência módulo 9 implica a de módulo 3. Nessas condições, cada classe de equivalência $\tilde{a}$ da relação $\approx$ é uma reunião de classes ^-x da relação $\equiv$. Podemos, portanto, definir uma aplicação q : $X/\equiv \to X/\approx$ pondo $q(^-a) = \tilde{a}$. q determina em $X/\equiv$ a relação de equivalência K_q. K_q é chamada de *relação de equivalência quociente das relações* $\approx$ e $\equiv$ e é denotada por $\approx/\equiv$. Sejam $\rho : X \to X/\equiv$ e $\sigma : X/\equiv \to (X/\equiv)/(\approx/\equiv)$ as aplicações canônicas. Seja $\beta = \sigma \circ \rho$, então a relação de equivalência $K_\beta = \approx$. Disso segue que existe uma bijeção (canônica) $\varphi : X/\approx \to (X/\equiv)/(\approx/\equiv)$. Consideremos finalmente a aplicação canônica $\chi : X \to X/\approx$. Então temos $\varphi \circ \chi = \beta = \sigma \circ \rho$.

•**Ex.e**: Sejam f : $A \to B$ e g : $B \to C$ duas funções. Mostre que K_f implica $K_{g \circ f}$.

Seja f : $X \to Y$ uma função qualquer e sejam $\equiv$ e $\approx$ relações de equivalência em X e Y respectivamente, então dizemos que f é *compatível com* $\equiv$ e $\approx$ se $x \equiv x'$ implicar $f(x) \approx f(x')$.[6] f induz uma aplicação $f^* : X/\equiv \to Y/\approx$ que leva à classe de equivalência de x $\in$ X na classe de equivalência de $f(x)$ em Y. Sejam $\rho : X \to X/\equiv$ e $\sigma : Y \to Y/\approx$ as aplicações canônicas, então temos $f^* \circ \rho = \sigma \circ f : X \to Y/\approx$.

4.3 Relações de ordem

Uma *relação de pré-ordem* Δ é uma relação entre elementos de um mesmo conjunto A satisfazendo as seguintes condições:

a) *Reflexiva*: $\forall$ a $\in$ A vale a Δ a (ou seja (a,a) $\in$ Δ);

---

6 Se f for a identidade de X, isto é, a mesma coisa, como dizer que $\equiv_f$ implica $\approx$.

INTRODUÇÃO À TOPOLOGIA **115**

b) *Transitiva*: ∀ a,b,c ∈ A, a Δ b e b Δ c implicam a Δ c (ou seja de (a,b), (b,c) ∈ Δ, segue (a,c) ∈ Δ).

O par (A, Δ) é um *conjunto preordenado*. Dados dois elementos a,b ∈ A, se a Δ b dizemos que a *precede* b.

Dados dois elementos a,b ∈ A, se a Δ b ou se b Δ a dizemos que os elementos a e b são *comparáveis*, caso contrário eles são *incomparáveis*.

•**Ex.a1**: Mostre que a relação de divisibilidade |, em Z, é uma relação de pré-ordem.

a2: Dê exemplos de elementos de Z que são incomparáveis.

a3: Mais geralmente a relação de divisibilidade em um domínio de integridade é uma relação de pré-ordem.

Uma relação de pré-ordem ≤, em um conjunto A, que satisfaz ainda a propriedade

c) *Antissimétrica*: se a ≤ b e b ≤ a então a = b é uma *relação de ordem (parcial)*.

O par (A, ≤) será um *conjunto ordenado*.

Se a ≤ b dizemos também que a *é menor ou igual a* b, em lugar de a precede b.

•**Ex.b1**: Seja X um conjunto. Mostre que a relação ⊂ é uma relação de ordem em $\wp(X)$.

b2: Dê exemplos de elementos A e B que não são comparáveis.

•**Ex.c1**: Seja (A,Δ) um conjunto preordenado. Mostre que a relação ≡ dada por a ≡ b se, e somente se, a Δ b e b Δ a, é uma relação de equivalência em A.

c2: Introduza em A/≡, de forma natural, uma relação de ordem.

c3: Mostre que no caso A = Z e Δ = |, A/≡ pode ser identificado com (N, |).

Seja (A, ≤) um conjunto ordenado. Podemos introduzir em A a relação ≥ dada por a ≥ b se e somente se b ≤ a. É imediato que ≥ também é uma relação de ordem chamada a *ordem oposta de* ≤.

Seja (A, ≤) um conjunto ordenado e seja X ⊂ A. Um elemento λ ∈ A é um *limite inferior de* X se ∀ x ∈ X valer λ ≤ x. Um subconjunto X que admite limite inferior é dito *limitado inferiormente*. Um limite inferior λ de X que pertence a X será chamado *mínimo de* X. Neste caso, pomos λ = min X.

116 GILBERTO FRANCISCO LOIBEL

•Ex.d: Defina de maneira análoga *"limite superior"* e *"máximo"*. Um conjunto limitado inferiormente e também superiormente é dito *conjunto limitado*. Uma função f : U → A com valores no conjunto ordenado A é uma *função limitada* se f(U) for um subconjunto limitado de A.

Seja $(A, \leq)$ um conjunto ordenado e seja $X \subset A$ um subconjunto limitado inferiormente. Seja $\Lambda(X)$ o conjunto dos limites inferiores de X, se existir o max $\Lambda(X)$, este será o *extremo inferior de* X e será denotado com inf (X).

•Ex.e: Defina o *extremo superior* sup(X) de um subconjunto X de um conjunto ordenado.

•Ex.f: Mostre que se X admitir mínimo então min(X) = inf(X).

•Ex.g1: Seja X um conjunto qualquer. Considere o conjunto ordenado $P = (\wp(X), \subset)$. Mostre que qualquer subconjunto $\Sigma \neq \varnothing$ de $\wp(X)$ admite extremo inferior e extremo superior.

g2: Determine inf($\wp(X)$) e sup($\wp(X)$). Estes são o mínimo e o máximo de $\wp(X)$?

Seja $(A, \leq)$ um conjunto ordenado e seja $X \subset A$. A *ordem induzida em X, pela ordem* $\leq$ é a ordem $\leq_X$, dada por ; u,v $\in$ X, então u $\leq_X$ v se, e somente se, u $\leq$ v. $(X, \leq_X)$ será um *subconjunto ordenado* de $(A, \leq)$.

Utilizaremos a notação a < b para indicar que a $\leq$ b e a $\neq$ b. Nessas condições, dizemos que a *é estritamente menor do que* b (ou que b é estritamente maior do que a, o que também escrevemos como b > a).

Um elemento x $\in$ X, tal que não existe outro elemento de X que seja estritamente menor do que ele, é chamado de *elemento minimal de* X.

Quando não houver perigo de confusão, é comum denotar as relações de ordem de diversos conjuntos ordenados com o mesmo símbolo $\leq$.

Sejam $(A, \leq)$ e $(B, \leq)$ dois conjuntos ordenados. Uma função f : A → B será dita *crescente* se de a $\leq$ a' seguir f(a) $\leq$ f(a'). Se, além disso, a < a' implicar que f(a) < f(a'), dizemos que f é *estritamente crescente*. Se a $\leq$ a' implicar que f(a) $\geq$ f(a'), a função f será *decrescente*, e, se de a < a' seguir f(a) > f(a'), temos uma *função estritamente decrescente*. Todas essas funções são chamadas de *monótonas* ou *monotônicas*.

INTRODUÇÃO À TOPOLOGIA **117**

•Ex.h: A inclusão canônica de um subconjunto ordenado em um conjunto ordenado sempre é estritamente crescente.

Um conjunto ordenado $(A, \leq)$ é dito *totalmente ordenado* e a ordem? será uma *ordem total* se, e somente se, dois quaisquer de seus elementos sempre forem comparáveis. Por exemplo, os conjuntos N, Z e Q são totalmente ordenados, já ($\wp(X)$, $\subset$) não é totalmente ordenado se X tiver mais do que um elemento.

Um conjunto ordenado $(A, \leq)$, tal que todo subconjunto não vazio admita mínimo, é dito *bem-ordenado*, e a ordem $\leq$ será uma *boa ordem*.

Observação: É imediato verificar que um conjunto bem-ordenado é totalmente ordenado. Com efeito, dados dois elementos a, b $\in$ A, o conjunto {a,b} tem mínimo, que será um dos dois elementos, que é, portanto, menor ou igual ao outro.

No contexto da boa ordem, é comum chamar o mínimo de um subconjunto X de *primeiro elemento* de X. Em particular, o próprio conjunto bem-ordenado possui um primeiro elemento.

•Ex.i1: Mostre que todo conjunto finito, totalmente ordenado é bem-ordenado.

i2: Mostre que N é bem-ordenado, mas Z e Q não são bem-ordenados.

•Ex.j1: Mostre que todo subconjunto ordenado de um conjunto totalmente ordenado é totalmente ordenado

•Ex.j2: Mostre que todo subconjunto ordenado de um conjunto bem-ordenado é bem-ordenado.

•Ex.k1: Seja A = {1 -1/n | n $\in$ N*} $\cup$ {2 -1/n | n $\in$ N*} $\subset$ Q. Mostre que A com a ordem induzida da ordem de Q é um conjunto bem-ordenado.

k2: Seja B = {m -1/n | m $\in$ N*, n $\in$ N*}. Mostre que B com a ordem induzida da ordem de Q é um conjunto bem-ordenado.

O princípio da indução finita, válido no conjunto (bem-ordenado) N, pode ser generalizado para conjuntos bem-ordenados quaisquer.

Princípio da indução transfinita: Seja $(A, \leq)$ um conjunto bem-ordenado. Se uma propriedade P é verificada para o primeiro ele-

118 GILBERTO FRANCISCO LOIBEL

mento a_0 de A, e se do fato de P ser verificada para todos os elementos estritamente menores do que um elemento $a > a_0$, seguir que P também se verifica para a, então P se verifica para todos elementos de A.

Com efeito, suponhamos que $X = \{x \in A \mid P$ não vale para $x\} \neq \varnothing$. Seja $x_0 = \min (X)$. Como $x_0 \in X$, temos $x_0 \neq a_0$; e como P se verifica para todos os elementos menores do que x_0, P deve se verificar para x_0, o que é um absurdo.

•**Ex.1**: Seja $(A, \leq)$ um conjunto bem-ordenado e seja $\Xi = (X_i)_{i \in I}$ uma família de subconjuntos não vazios de A. A família $(x_i)_{i \in I}$ com $x_i = \min (X_i)$ é um elemento[7] do produto cartesiano da família Ξ.

5 Potência de conjuntos

Sejam A e B dois conjuntos. Se existir uma correspondência biunívoca $\beta : A \rightarrow B$ entre eles, dizemos que A e B têm a *mesma potência* ou que eles são *equipotentes*.

Dizemos que um conjunto equipotente a um dos conjuntos J_n é um conjunto finito. Um conjunto equipotente a N é dito *enumerável (infinito)*. Diz-se também que um conjunto enumerável tem potência $\aleph_0$.

Sejam A e B dois conjuntos que não sejam equipotentes. Se A for equipotente a um subconjunto A' de B, diremos que A *tem potência menor do que B*.

Demonstra-se que o conjunto $\mathfrak{R}$ dos números reais[8] não é enumerável. Como $N \subset \mathfrak{R}$, concluímos que $\mathfrak{R}$ tem potência maior

---

7 Esse exemplo indica que "não necessitamos do axioma da escolha" para mostrar que o produto cartesiano de subconjuntos de um conjunto bem-ordenado é $\neq \varnothing$. Na realidade, em um tratamento axiomático da teoria dos conjuntos, é possível substituir o axioma da escolha pelo axioma "todo conjunto pode ser bem ordenado". Ver também o produto cartesiano no capítulo 1.

8 Apresentaremos um breve estudo dos números reais no Apêndice B, em que mostraremos que $\mathfrak{R}$ não é enumerável.

do que N. Diremos que todo conjunto equipotente a $\Re$ *tem a potência do contínuo.*

Observamos finalmente que qualquer que seja o conjunto A, então $\wp(A)$ tem potência maior do que A.

•**Ex.a**: Verifique este último fato para os conjuntos finitos.

Apêndice B
Um roteiro para estudar
Números reais

1 Introdução

Apresentaremos aqui um dos possíveis modelos dos números reais, as principais definições e os enunciados necessários para cursos de Análise Real, Espaços Métricos e Topologia. Algumas demonstrações serão realizadas de forma completa, outras deixaremos parcial ou totalmente para o leitor. Não recomendamos que o estudante efetue todas as demonstrações, mas somente o suficiente para a compreensão boa do conteúdo.

Assumimos conhecimentos da linguagem básica da Teoria dos Conjuntos e da estrutura de corpo ordenado do conjunto Q dos números racionais. N designará o conjunto dos números naturais, incluindo o zero e $N^* = N - \{0\}$. Se $a,b \in Q$, $a \leq b$, representaremos com $[[a,b]]$ o *intervalo fechado racional* $\{q \in Q \mid a \leq q \leq b\}$. Se $a = b$, temos $[[a,a]] = \{a\}$.

Escreveremos $s = ([[a_n,b_n]])_{n \in N}$ para designar uma sequência de intervalos racionais. Mais brevemente escreveremos $s = ([[a_n,b_n]])_n$ ou ainda $s = ([[a_n,b_n]])$.

122 GILBERTO FRANCISCO LOIBEL

2 Construção do conjunto $\mathfrak{R}$

Quando trabalhamos de forma intuitiva com números reais, como no curso secundário, ao falarmos, por exemplo, de $\sqrt{2}$, determinamos *aproximações sucessivas*. Falamos de *aproximações por falta* e *por excesso*. Geralmente, calculamos aproximações com uma determinada precisão. A ideia de que um número real é "determinado", quando se podem obter aproximações arbitrariamente boas, leva-nos à construção que segue.

Definição 1: Uma sequência de intervalos racionais $s = ([[a_n, b_n]])$ $_{n \in N}$ é uma *sequência de intervalos encaixantes (racionais)* (escreveremos abreviadamente *s.i.e.*) se
a) $a_1 \leq a_2 \leq \ldots a_n \leq \ldots \leq b_n \ldots b_2 \leq b_1$
b) $\forall\ q \in Q, q > 0, \exists\ n \in N\ |\ b_n - a_n < q$.
Em todo texto, s designará a sequência $([[a_n, b_n]])$, $s' = ([[a'_n, b'_n]])$, $s'' = ([[a''_n, b''_n]])$, $t = ([[c_n, d_n]])$ e analogamente para t' e t''. O conjunto de todas s.i.e. será designado com S.

Voltando à ideia intuitiva dos reais, lembramos que um mesmo número real pode ser aproximado por diferentes sequências, isso sugere a Definição 2.

Definição 2: Dizemos que duas s.i.e. s e s' são *equivalentes* se, e somente se, ; m,n ∈ N, temos $a_m \leq b_n'$ e $a_m' \leq b_n$. Pomos $s \equiv s'$.

Proposição 1: A relação $\equiv$ é uma relação de equivalência.

Demonstração: As propriedades a) $s \equiv s$ e b) $s \equiv s' \Rightarrow s' \equiv s$ são óbvias. Demonstraremos a transitiva: c) $s \equiv s'\ \&\ s' \equiv s'' \Rightarrow s \equiv s''$. Realmente, suponhamos que s não seja equivalente a s'', então devem existir m e n tais $b_m'' < a_n$ ou $b_m < a_n''$. Suponhamos que valha a primeira e pomos $q = a_n - b_m'' > 0$. Como s' é s.i.e., existe $p \in N$ tal que $b_p' - a_p' < q = a_n - b_m''$. Isso nos dá $b_p' + b_m'' < a_n + a_p'$, o que é absurdo, pois, sendo $s \equiv s'$ e $s' \equiv s''$, temos $a_n \leq b_p'$ e $a_p' \leq b''_m$.

Definição 3: Uma classe de equivalência dessa relação será chamada de *número real*. Diremos também que uma s.i.e. s determina um número real x e que s *representa* x. O conjunto quociente S/≡, isto é, o conjunto dos números reais, será denotado com $\mathfrak{R}$.

INTRODUÇÃO À TOPOLOGIA **123**

• **Ex.a1**: Um algoritmo, para obter sucessivos intervalos de uma s.i.e. que define a raiz quadrada de um número racional $q > 0$, foi usado na Mesopotâmia há cerca de 3.000 anos: escolhe-se um número b_1 tal que $b_1^2 > q$. Põe-se $a_1 = q/b_1$, o que resulta $a_1^2 = q^2/b_1^2 < q$. Pondo $b_2 = (a_1 + b_1)/2$, teremos $b_2^2 > q = a_1 b_1$. Obtido $a_2 = q/b_2$, prossegue-se construindo os intervalos seguintes. Mostre que com esse processo se obtém uma s.i.e.

a2: Iniciando com $b_1 = 2$, obtenha aproximações com 3 ou 4 casas decimais para $\sqrt{2}$. Quantos passos são necessários?

• **Ex.b**: A função sen(x) (x medido em radianos) coincide com a soma da série de potências

$$x - x^3/3! + x^5/5! - x^7/7! \ldots \pm x^{2n+1}/(2n+1)! \ldots$$

Para $x \neq 0$, esta é uma série alternada e, sendo x racional, suas sucessivas reduzidas fornecem aproximações por excesso e por falta. Podemos usar esses valores como extremos de uma s.i.e. Determine os primeiros intervalos para sen(0,1) (0,1 radianos correspondem a aproximadamente 5,73°). Verifique que em poucos passos se obtêm boas aproximações.

Observação: Existem diversas formas de obter a partir de uma representação s de um real x outras equivalentes: por exemplo, podemos substituir os primeiros intervalos por outros ou mesmo cancelar os primeiros intervalos, ou usar somente os intervalos de ordem par, ou ainda fazer $a_n' = a_{n+p}$, mas $b_n' = b_n$ etc.

3 Relação de ordem em $\mathfrak{R}$

Introduziremos aqui uma relação de ordem $\leq$ em R e identificaremos o conjunto Q com um subconjunto de $\mathfrak{R}$.

Definição 4: Sejam $x, x' \in \mathfrak{R}$ representados por s e s', respectivamente. Se $\exists$ m e n tais que $b_m < a_n'$, diremos que x é *(estritamente) menor do que* x' e escreveremos que $x < x'$. Se x for menor ou igual do que x', pomos $x \leq x'$.

Proposição 2:
a) A relação $\leq$ é bem definida;

124 GILBERTO FRANCISCO LOIBEL

b) $\le$ é uma relação de ordem;

c) $\le$ é uma ordem total.

Demonstração: a) Precisamos mostrar que a afirmação $x \le x'$ não depende dos representantes s e s'. Se $x = x'$, isso segue da própria definição. Suponhamos agora que, usando s e s', existam $m,n \in N$ tais que $b_m < a_n'$ e, portanto, $x < x'$. Sejam $t = ([[c_n,d_n]])$ e $t' = ([[c_n',d_n']])$ outros representantes de x e x'. Seja $q = a_n' - b_m > 0$. Escolhamos $p \in N$ tal que

1*) $d_p - c_p < q/2$ e

2*) $d_p' - c_p' < q/2$.   e como temos $t \equiv s$ e $t' \equiv s'$ valem

3*) $c_p < b_m$ e

4*) $a_n' < d_p'$.   Somando as desigualdades 1*) a 4*), obtemos

5*) $d_p - c_p + d_p' - c_p' + c_p + a_n' < q/2 + q/2 + b_m + d_p'$.

Cancelando e substituindo q por $a_n' - b_m$, obtemos o seguinte resultado:

6*) $d_p - c_p' + a_n' < a_n' - b_m + b_m$,   e cancelando outra vez vem

7*) $d_p < c_p'$,   o que demonstra nossa afirmação.

b) e c) deixamos a cargo do leitor.

A cada $q \in Q$ fazemos corresponder o número real $J(q) = q^*$ representado pela s.i.e. constante $([[q,q]])$.

Lema 3: A aplicação $J : Q \to \Re$ é injetora e conserva a ordem.

Demonstração: A demonstração é trivial.

O Lema 3 e outros resultados que apresentaremos mais adiante justificam identificar q^* com q e considerar Q como subconjunto de $\Re$.

Se x for determinado por s, verifica-se facilmente que $a_n \le x \le b_n$ $\forall n \in N$.

• **Ex.a1**: Mostre que se $x,y \in \Re$ e $x < y$, $\exists z \in \Re$ tal que $x < z < y$.

a2: z pode ser escolhido em Q ou em $\Re$ - Q.

a3: Mostre que para todo $x \in R$ existem reais y e z tais que $y < x < z$.

• **Ex.b**: Seja X um subconjunto de $\Re$ limitado superiormente. Mostre que X admite um limite superior racional.

INTRODUÇÃO À TOPOLOGIA 125

4 Adição. Estrutura de grupo de $\mathfrak{R}$

Sejam x e y números reais representados pelas sequências s e t. É fácil verificar que u = ([[a_n+c_n,b_n+d_n]]) é uma s.i.e.

• **Ex.a**: Mostre que o real representado por u não depende das particulares sequências s e t que representam x e y.

Definição 5: O real representado pela sequência u é a *soma* de x e y e será denotado com x + y.

Proposição 4: ($\mathfrak{R}$,+) é um grupo abeliano. A operação induzida em Q coincide com a adição dos racionais. Em particular, o elemento neutro de ($\mathfrak{R}$,+) é o número racional 0.

Se x > 0 dizemos que x é *positivo*, e se x < 0 dizemos que x é *negativo*.

• **Lema 5**: Sejam x,y,z ∈ $\mathfrak{R}$, se x < y temos x + z < y + z.

5 Multiplicação. Estrutura de corpo de $\mathfrak{R}$

Observamos em primeiro lugar que se x > 0 for representado por s, existe n tal que a_n > 0. Então substituindo, se necessário, os primeiros n - 1 intervalos (ver observação no final do § 1), podemos supor que a_1 > 0. Na Definição 6, vamos supor que todo número real positivo seja representado desta forma.

• **Definição 6**: Definimos os produto x•y = x y de dois reais x e y pelas seguintes regras:

a) se x = 0 ou y = 0, pomos x y = 0;

b) se x > 0 e y > 0 são representados por s e t, demonstra-se que u = ([[$a_n c_n$,$b_n d_n$]]) é uma s.i.e. e x y será o real representado por u;

c) se x < 0 e y > 0, pomos x y = -((-x) y);

d) se x > 0 e y < 0, pomos x y = -(x (-y));

e) se x < 0 e y < 0, pomos x y = (-x) (-y).

Proposição 5: ($\mathfrak{R}$,+,•) é um corpo. A estrutura induzida em Q por esse corpo coincide com a estrutura habitual de Q.

Demonstração: A demonstração é trabalhosa, mas não é difícil, assim aconselhamos ao leitor fazer ao menos algumas partes dela.

126 GILBERTO FRANCISCO LOIBEL

• **Ex.a1**: Mostre que, se $x,y,z \in \Re$ e $x < y$ e $0 < z$, então $x\,z < y\,z$.
a2: Mostre ainda que, se $0 < x < y$, então $x^2 = x\,x < y^2$.

6 Existência de extremo superior

Seja X um subconjunto de $\Re$. No conjunto totalmente ordenado $\Re$, o extremo superior $S \in \Re$ (ver o item 4.3 do Apêndice A) pode ser caracterizado por:

a) ; $x \in$ X, $x \leq S$;
b) ; $\varepsilon > 0$ existe $x \in$ X tal que $S - \varepsilon < x$.

• **Ex.a**: Demonstre a afirmação acima.

Proposição 6: Se $X \subset \Re$, $X \neq \varnothing$ é limitado superiormente então X admite extremo superior.

Demonstração: Seja x um elemento qualquer de X e suponhamos que L seja um limite superior de X. Escolhamos a_1 e b_1 em Q tais que $a_1 < x$ e $L \leq b_1$. Seja $q_2 = (a_1 + b_1)/2$. É claro que $a_1 < q_2 < b_1$. Se existir $x' \in$ X tal que $q_2 < x'$, pomos $a_2 = q_2$ $b_2 = b_1$. Caso contrário, isto é, se q_2 for um limite superior de X, pomos $a_2 = a_1$ e $b_2 = q_2$. Supondo construídos sucessivamente $a_1, \ldots, a_{n-1}$ e $b_1, \ldots, b_{n-1}$, pomos $q_n = (a_{n-1} + b_{n-1})/2$. Se existir $x'' \in$ X tal que $q_n < x''$, pomos $a_n = q_n$ e $b_n = b_{n-1}$. Caso contrário, pomos $a_n = a_{n-1}$ e $b_n = q_n$.
Pela construção, temos

a) $a_1 \leq \ldots \leq a_{n-1} \leq a_n \leq \ldots b_n \leq b_{n-1} \leq \ldots \leq b_1$;
b) $b_n - a_n = (b_{n-1} - a_{n-1})/2$.

Portanto, $s = ([[a_n,b_n]])$ é uma s.i.e. que define um real S. Para completar a demonstração, observamos:

i) Seja $x \in$ X representado pela s.i.e. t, então como cada b_n é um limite superior de X, temos ; $m,n \in$ N vale que $c_m \leq x \leq b_n$ e, portanto, $x \leq S$.

ii) $\forall\ \varepsilon \in \Re$, $\varepsilon > 0$, $\exists\ q \in$ Q $|\ 0 < q < \varepsilon$ e $\exists\ n \in$ N tal que $S - a_n \leq b_n - a_n < q$. Disto obtemos $S - \varepsilon \leq S - q < a_n$. Da maneira como foram construídos os a_n existe $x' \in$ X tal que $a_n < x'$. Portanto, $S = \sup(X)$.

INTRODUÇÃO À TOPOLOGIA **127**

7 Intervalos encaixantes reais

O *intervalo fechado real de extremos* x *e* y é o conjunto:
$[x,y] = \{z \in \Re \mid x \le z \le y\}$.

Definição 7: Uma *sequência de intervalos encaixantes reais* é uma sequência $s = ([a_n, b_n])$ satisfazendo:

a) $a_1 \le a_2 \le \ldots a_n \le \ldots \le b_n \ldots b_2 \le b_1$

b) $\forall \, \varepsilon \in \Re \, \varepsilon > 0, \, \exists \, n \in N \mid b_n - a_n < \varepsilon$.

Proposição 7: Seja s uma s.i.e. real, então existe um e somente um $x \in \Re$ tal que $\{x\} = \bigcap_{n \in N} [a_n, b_n]$.

Demonstração: Devemos construir uma s.i.e. racional $t = ([[c_n, d_n]])$ que determine este x. Certamente devemos ter $\forall \, m,n \in N \, a_m \le d_n$ e $c_n \le b_m$. Cada real a_n é representado por uma s.i.e. racional $s_n = ([[p_{ni}, q_{ni}]])_{i \in N}$ e cada b_n por uma s.i.e. $t_n = ([[u_{ni}, v_{ni}]])_{i \in N}$. Observamos que $\forall \, m,n,i,j \in N$ vale $p_{mi} \le v_{nj}$. Consideremos ainda uma sequência de números racionais $r = (r_k)_{k \in N}$ estritamente decrescente e que tenda[1] a zero. Seja agora $i(1) \in N$ tal que $q_{1i(1)} - p_{1i(1)} < r_1$ e $v_{1i(1)} - u_{1i(1)} < r_1$. Vamos pôr $c_1 = p_{1i(1)}$ e $d_1 = v_{1i(1)}$. Temos, portanto, $q_{1i(1)} - c_1 < r_1$ e $d_1 - u_{1i(1)} < r_1$. Suponhamos agora que exista $i(2) > i(1) \ge 1$ tal que i) $c_1 < p_{2\,i(2)}$ e ii) $q_{2\,i(2)} - p_{2\,i(2)} < r_2$, então pomos $c_2 = p_{2\,i(2)}$. Este $i(2)$ somente não existe se $a_2 = a_1 \in Q$ e todos $p_{1i} = a_1$. Nesse caso, escolhemos $i(2) > i(1)$ e tal que ii) seja satisfeito, e fazemos $c_2 = c_1$ em ambos os casos, teremos $q_{2\,i(2)} - c_2 < r_2$. Construímos de maneira análoga o elemento d_2. Podemos proceder de tal forma que o mesmo $i(2)$ sirva para a obtenção de c_2 e de d_2 e teremos $d_2 - u_{2\,i(2)} < r_2$. Pelo mesmo raciocínio, podemos construir indutivamente as sequências $i(3), \ldots i(n) \ldots, c_3 \ldots c_n \ldots$, e $d_3 \ldots d_n \ldots$, tais que $i(1) < i(2) < i(3) \ldots i(n) < \ldots, c_1 \le c_2 \le c_3 \ldots \le c_n \le \ldots \le d_n \le \ldots \le d_3 \le d_2 \le d_1$ e tais que

1*) $q_{ni(n)} - c_n < r_n$ e

2*) $d_n - u_{ni(n)} < r_n$.

---

1 Dizer que a sequência estritamente decrescente r tende a zero significa que $\forall \, q \in Q, q > 0$ existe $k \in N$ tal que $r_k < q$.

128 GILBERTO FRANCISCO LOIBEL

Dado agora o racional $q > 0$, podemos determinar n tal que
3*) $b_n - a_n < q/3$ e
4*) $r_n < q/3$.   Levando ainda em conta que
5*) $a_n < q_{ni(n)}$ e
6*) $u_{ni(n)} < b_n$ somamos as desigualdades 1*) a 6*) (duas vezes
a 4*) e obtemos
7*) $d_n - c_n < q$.   Isso conclui a verificação de que $([[c_n,d_n]])$ é uma
s.i.e. racional, definindo, portanto, um real x.
Deixamos ao leitor a demonstração que para todo m vale
$a_m \leq x \leq b_m$.

8 Representação decimal dos reais

Seja $D = \{0,1, \ldots, 9\}$ o conjunto dos dígitos. Seja $D^\#$ o conjunto
das sequências de dígitos com infinitos valores não nulos. Vamos associar a cada $d = (d_n)_{n \in N} \in D^\#$ uma s.i.e. racional s_d pondo
$a_1 = d_1/10$, $a_2 = a_1 + d_2/10^2,\ldots,a_n = a_{n-1} + d_n/10^n$ e $b_n = a_n + 1/10^n$.
s_d determina um real x com $0 < x \leq 1$. O símbolo $0,d_1 d_2 \ldots d_n \ldots$
chama-se *representação decimal* de x, escrevemos $x = 0,d_1 d_2 \ldots d_n \ldots$
Seja agora $x \in \Re$ com $0 < x \leq 1$. Vamos definir uma sequência
$s_d \in D^\#$ que fornece a representação decimal de x. Seja d_1 o único
dígito tal que $d_1/10 < x \leq (d_1+1)/10$. Suponhamos construídos
$d_1, d_2 \ldots d_{n-1}$ escolhemos d_n como único dígito para o qual $d_1/10$
$+ d_2/100 + \ldots d_n/10^n < x \leq d_1/10 + d_2/100 + \ldots + (d_n+1)/10^n$.
Deixamos ao leitor as verificações necessárias para mostrar que esta
é a única representação decimal de x. Dessa forma, obtemos uma
correspondência biunívoca entre $(0,1]$ e $D^\#$.

• **Ex.a**: Descreva a representação decimal para os números reais
fora do intervalo $(0,1]$.

Lema 8: $\Re$ não é enumerável.

Demonstração: Como $D^\#$ está em correspondência biunívoca com o subconjunto $(0,1]$ de $\Re$, basta mostrar que $D^\#$ não é
enumerável. Suponha que $\Theta : N \to D^\#$ seja uma correspondência
biunívoca. Vamos pôr $\Theta(n) = (\Theta_{n0}, \Theta_{n1} \ldots \Theta_{ni} \ldots) \in D^\#$. Vamos

INTRODUÇÃO À TOPOLOGIA **129**

definir $\Gamma = (\Gamma_0, \Gamma_1, \ldots, \Gamma_n, \ldots) \in D^{\#}$ da seguinte forma: $\Gamma_n = \Theta_{nn} \pm 1$ escolhendo o sinal + se $\Theta_{nn} \in \{0,1,2,3,4\}$ e o sinal - se $\Theta_{nn} \in \{5,6,7,8,9\}$. Vemos que todos os Γ_n são dígitos não nulos. Como Θ é uma bijeção, existe $r \in N$ tal que $\Theta(r) = \Gamma$. Mas isso é um absurdo, pois o elemento Γ_r deve ser igual a Θ_{rr} pela definição de Θ_r e igual a $\Theta_{rr} \pm 1$ pela definição de Γ.

Lembrando que a reunião de dois conjuntos enumeráveis ainda é enumerável, concluímos que o conjunto dos irracionais $I = \Re - Q$ não pode ser enumerável.

SOBRE O LIVRO

Formato: 14 x 21 cm
Mancha: 23,7 x 42,5 paicas
Tipologia: Horley Old Style 10,5/14
Papel: Offset 75 g/m² (miolo)
Cartão Supremo 250 g/m² (capa)
1ª edição: 2007

EQUIPE DE REALIZAÇÃO

Coordenação Geral
Marcos Keith Takahashi
Oitava Rima Prod. Editorial (Atualização Ortográfica)

Editoração Eletrônica
Oitava Rima Prod. Editorial (Diagramação)

Impressão e acabamento